信息技术与素养实训教程

主　编　龙　浩　杨　勇
副主编　韩永印　殷志昆
参　编　郭　辉　吕萍丽　郭　彬
　　　　时　钢　许新刚　凌启东

北京理工大学出版社
BEIJING INSTITUTE OF TECHNOLOGY PRESS

内 容 简 介

本书对应主教材《信息技术与素养》进行实践操作，分为 5 个项目，包括认识和使用计算机、认识 Windows 11 操作系统、文字处理软件——WPS 文档、数据处理软件——WPS 表格、WPS 演示文稿制作等内容。通过这些内容的学习和实践，读者能够更好地掌握计算机的基本操作技能。

本书以通俗易懂的形式编排和呈现，既适合作为非计算机专业的"计算机基础""信息技术"等课程的实训教材，也适合作为全国计算机等级考试的辅导用书，还可以作为对信息技术感兴趣的自学者的入门学习和参考的资料。

版权专有　侵权必究

图书在版编目（CIP）数据

信息技术与素养实训教程 / 龙浩, 杨勇主编.
北京 ： 北京理工大学出版社，2024.6.
ISBN 978-7-5763-4167-6
Ⅰ．TP3
中国国家版本馆 CIP 数据核字第 2024N2W660 号

责任编辑：王玲玲	文案编辑：王玲玲
责任校对：刘亚男	责任印制：施胜娟

出版发行 / 北京理工大学出版社有限责任公司
社　　址 / 北京市丰台区四合庄路 6 号
邮　　编 / 100070
电　　话 /（010）68914026（教材售后服务热线）
　　　　　（010）68944437（课件资源服务热线）
网　　址 / http：//www.bitpress.com.cn

版 印 次 / 2024 年 6 月第 1 版第 1 次印刷
印　　刷 / 唐山富达印务有限公司
开　　本 / 787 mm×1092 mm　1/16
印　　张 / 9.25
字　　数 / 202 千字
定　　价 / 38.00 元

图书出现印装质量问题，请拨打售后服务热线，负责调换

前言

随着数字化转型的加速，计算机技术已成为现代社会不可或缺的基础技能之一。无论是在教育、科研、企业管理领域还是在日常生活中，信息技术的应用都日益广泛，对计算机操作能力提出了更高的要求。在这样的背景下，全国计算机等级考试（NCRE）应运而生，旨在标准化和提升计算机应用能力，为广大学习者提供了一个系统学习和认证的平台。

本书根据全国计算机等级考试 WPS Office 考试大纲的要求，兼顾一级 WPS Office 应用和二级 WPS Office 高级应用的考试需求编写而成。本书采用项目导向、任务驱动的编写体例，在编写的过程中力求语言精简、图文并茂、内容实用、步骤详细。书中实训内容以实用为原则，由易到难，强化职业技能的培养；实训素材内容融入育人功能设计，旨在培养学生的职业素养。

本书是《信息技术与素养》（杨勇、殷智浩、李晶主编，北京理工大学出版社，2024 年 8 月出版）的配套教材，以 Windows 11 和 WPS Office 作为教学软件平台。本书实训内容由五个项目组成：

（1）认识和使用计算机：包括认识计算机硬件与配置计算机、硬件组装、文字录入练习等内容。

（2）认识 Windows 11 操作系统：包括操作系统设置、文件管理等内容。

（3）文字处理软件——WPS 文档：包括文档排版、图文混排、页面设计和长文档编排等内容。

（4）数据处理软件——WPS 表格：包括数据统计、数据分析和处理、数据图表、数据安全和打印、综合练习等内容。

（5）WPS 演示文稿制作：包括幻灯片基本制作、交互设置、放映与输出、媒体对象编辑等内容。

每个实训项目由实训目的、实训内容和实训步骤三部分组成。根据实训内容，实训步骤中以图片和文字说明的形式详细介绍了上机操作的步骤和注意事项，逐步引导读者完成实训任务。

本书在编写的过程中参考了大量的文献资料和网站资料，在此对这些文献的所有作者表示衷心的感谢。由于编者水平有限，书中难免有不当之处，恳请广大读者批评指正。

编　者

目 录

项目 1　认识和使用计算机 ·· 1
实训 1.1　认识计算机硬件与配置计算机 ··· 1
实训 1.2　计算机的硬件组装 ·· 8
实训 1.3　文字录入练习 ·· 13

项目 2　认识 Windows 11 操作系统 ·· 21
实训 2.1　Windows 11 系统设置 ·· 21
实训 2.2　Windows 11 操作系统的文件管理 ·· 26

项目 3　文字处理软件——WPS 文档 ·· 30
实训 3.1　文档排版——制作社团招新启事 ·· 30
实训 3.2　图文混排——制作社团宣传手册 ·· 43
实训 3.3　页面设计——制作迎新晚会邀请函 ·· 52
实训 3.4　长文档编排——编排毕业论文 ·· 60

项目 4　数据处理软件——WPS 表格 ·· 69
实训 4.1　数据统计——制作装修预算表 ·· 69
实训 4.2　数据分析和处理——制作工资分析表 ·· 78
实训 4.3　数据图表——制作成绩分析表 ·· 91
实训 4.4　数据安全和打印——制作税费详情表 ·· 99
实训 4.5　综合练习——制作员工详情表 ·· 104

项目 5　WPS 演示文稿制作 ·· 113
实训 5.1　幻灯片基本制作——制作产品销售策划 ·· 113
实训 5.2　幻灯片交互设置——制作动物简介 ·· 120
实训 5.3　幻灯片放映与输出——放映与输出高校宣传 ·· 127
实训 5.4　幻灯片媒体对象编辑——游乐园宣传制作 ·· 135

项目 1

认识和使用计算机

实训 1.1　认识计算机硬件与配置计算机

实训目的

1. 了解计算机的外观及组成。
2. 了解主机的内部结构。
3. 了解主机的常用接口。
4. 能够配置计算机。

实训内容

1. 计算机的组成结构。
2. 计算机配件的性能参数。
3. 计算机配件的接口类型。
4. 计算机常用的其他外部设备。
5. 计算机的配置。

实训步骤

1. 了解计算机的组成结构。

（1）了解台式计算机的外观及组成。

台式计算机的外观通常包括以下几个主要部分。

①机箱（Tower）：机箱是台式计算机的外壳，通常是一个立式的矩形盒子形状。机箱通常由金属或塑料制成，具有开放的面板和插槽，以便安装其他硬件组件。

②前面板（Front Panel）：机箱的前面板通常包含一些控制按钮和接口，如电源按钮、重启按钮、USB 接口、音频接口等。这些接口和按钮方便用户进行设备连接和操作。

③后面板（Back Panel）：机箱的后面板通常有许多接口和插槽，用于连接各种外部设

备。这些接口包括 USB 接口、音频接口、视频接口（如 HDMI、VGA、DisplayPort 等）、以太网接口等。

④电源供应器（Power Supply）：电源供应器通常位于机箱的顶部或底部，用于提供计算机所需的电力。它将电源的直流电转换为计算机所需的不同电压和电流。

⑤显示器（Monitor）：显示器是台式计算机的输出设备，用于显示计算机处理的图形和文字信息。显示器通常放置在计算机桌面上，与计算机主机相连。

⑥键盘（Keyboard）：键盘是台式计算机的输入设备，用于输入文本和命令。键盘通常放置在计算机桌面上，用户可以通过按下键盘上的按键来输入字符和执行操作。

⑦鼠标（Mouse）：鼠标是台式计算机的输入设备，用于控制光标的移动和选择操作。鼠标通常放置在计算机桌面上，用户可以通过移动鼠标和单击鼠标按钮来操作计算机。

除了以上部分，台式计算机还可能包括其他外设，如扬声器、打印机、摄像头等，这些外设可以根据用户的需求和用途进行连接和使用。总的来说，台式计算机的外观由机箱、显示器、键盘、鼠标和其他外设组成，如图 1-1-1 所示，这些部分共同协作，使计算机能够进行各种任务和操作。

图 1-1-1　台式计算机的外观组成

（2）认识主机的内部结构。

主机是台式计算机的核心部分，也称为计算机主机箱或机箱。它包含了计算机的内部组件，如主板、处理器、内存、存储设备、显卡、电源供应器、扩展插槽等，如图 1-1-2 所示。下面是主机的内部结构的一般概述。

①主板（Motherboard）：主板是计算机的核心组件，它是一个大型电路板，提供了各种插槽和接口，用于连接其他硬件组件。主板上集成了处理器插槽、内存插槽、扩展插槽、存储设备接口、显卡插槽等。

②处理器（CPU）：处理器是计算机的大脑，负责执行计算和控制计算机的操作。它通常插在主板上的处理器插槽中。处理器的性能直接影响计算机的运行速度和处理能力。

图1-1-2 主机内部结构

③内存（RAM）：内存用于临时存储计算机运行时需要的数据和程序。内存插槽通常位于主板上，用于安装内存模块。内存的大小决定了计算机可以同时处理的任务数量和速度。

④存储设备：存储设备用于永久存储数据和程序。常见的存储设备包括硬盘驱动器（HDD）、固态硬盘（SSD）和光盘驱动器（如光盘、DVD驱动器）。这些存储设备通常连接到主板上的存储设备接口，如SATA接口。

⑤显卡（Graphics Card）：显卡负责处理计算机的图形输出，它可以提供更好的图形性能和显示效果。显卡通常插在主板上的显卡插槽中。对于需要进行图形处理、游戏或视频编辑等任务的用户来说，显卡是非常重要的组件。

⑥电源供应器（Power Supply）：电源供应器提供计算机所需的电力。它通常安装在主机箱内部，连接到主板和其他硬件组件以供电。

⑦扩展插槽：主板上的扩展插槽用于连接其他硬件组件，如声卡、网卡、无线网卡等。这些扩展插槽通常用于安装扩展卡，插槽的类型和数量取决于主板的设计。

此外，主机箱内部还会有一些电缆和连接线，用于连接各个硬件组件，如数据线、电源线等。主机箱通常还具有风扇和散热器，用于散热和保持硬件组件的温度在正常范围内。

需要注意的是，不同型号和品牌的主机在内部结构和组件布局上可能会有所不同，但上述组件是主机内部常见的部分。

2. 了解计算机配件的性能参数。

利用本书，结合网络搜索工具，了解计算机配件的性能参数对于选择和比较不同的硬件组件非常重要。以下是一些常见的计算机配件及其性能参数的解释。

(1) 处理器（CPU）。

— 型号和系列：例如 Intel 的 Core i7 或 AMD 的 Ryzen 5。

— 核心数量：指处理器内部的物理核心数量。

— 线程数量：指处理器支持的并行线程数量，可以通过超线程技术实现。

— 主频：指处理器的时钟频率，以赫兹（Hz）为单位。

— 缓存：指处理器内部的缓存容量，包括 L1、L2 和 L3 缓存。

(2) 内存（RAM）。

— 容量：指内存的存储容量，通常以 GB（吉字节）为单位。

— 类型：例如 DDR4、DDR3 等。

— 时钟频率：指内存模块的工作频率，以赫兹（Hz）为单位。

(3) 存储设备。

硬盘驱动器（HDD）：

— 容量：指硬盘的存储容量，通常以 GB 或 TB（吉字节或太字节）为单位。

— 传输速率：指硬盘的数据传输速率，通常以 MB/s（兆字节/秒）为单位。

固态硬盘（SSD）：

— 容量：指固态硬盘的存储容量，通常以 GB 或 TB 为单位。

— 读写速度：指固态硬盘的数据读取和写入速度，通常以 MB/s 为单位。

(4) 显卡（Graphics Card）。

— 型号和系列：例如 NVIDIA 的 GeForce RTX 4090 或 AMD 的 Radeon RX 6800。

— 显存容量：指显卡的内存容量，通常以 GB 为单位。

— GPU 核心数量：指显卡上的图形处理单元（GPU）的数量。

— 时钟频率：指显卡的工作频率，通常以 MHz（兆赫兹）为单位。

(5) 主板（Motherboard）。

— 型号和系列：例如 ASUS 的 ROG Strix B550 – F 或 Gigabyte 的 B450 AORUS Elite。

— 插槽类型和数量：指主板上的扩展插槽类型（如 PCIe、DIMM）和数量。

— 支持的最大内存容量：指主板支持的最大内存容量。

— 接口和连接器：例如 USB 接口、SATA 接口、M.2 插槽等。

这仅仅是一些常见的计算机配件和性能参数的示例。每个硬件组件都有更多的技术指标和性能参数，而且这些参数的重要性取决于具体的使用需求和预算。在选择计算机配件时，可以根据这些性能参数进行比较和评估，以找到适合需求的最佳组合。

3. 了解计算机配件接口类型。

观察主机正面和背面的接口组成。主机的背面接口包括电源接口、打印机接口、USB 接口、音频输入/输出接口、网络接口和显示器接口等，如图 1 – 1 – 3 所示。

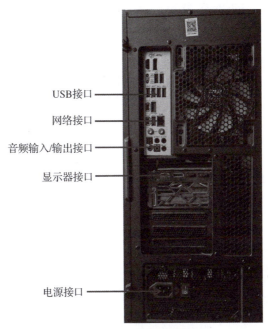

图 1-1-3　主机背面接口

（1）处理器插槽接口。

- Intel 处理器：常见的接口类型包括 LGA(Land Grid Array) 和 PGA(Pin Grid Array)。
- AMD 处理器：常见的接口类型包括 PGA(Pin Grid Array) 和 TR4(Threadripper)。

（2）内存插槽接口。

- DIMM(Dual In-Line Memory Module)：常见的内存插槽接口类型，用于安装桌面计算机和服务器的内存模块。
- SODIMM(Small Outline DIMM)：常见的内存插槽接口类型，用于安装笔记本电脑和小型计算机的内存模块。

（3）存储设备接口。

- SATA(Serial ATA)：常见的存储设备接口类型，用于连接硬盘驱动器（HDD）和固态硬盘（SSD）等存储设备。
- NVMe(Non-Volatile Memory express)：高速存储设备接口类型，用于连接高性能固态硬盘（SSD）。

（4）显卡插槽接口。

- PCIe(Peripheral Component Interconnect express)：常见的显卡插槽接口类型，用于连接显卡到主板。常见的插槽尺寸包括 PCIe x16、PCIe x8 和 PCIe x4。

（5）扩展插槽接口。

- PCIe(Peripheral Component Interconnect express)：除了显卡插槽外，PCIe 插槽也可用于安装其他扩展卡，如声卡、网卡、RAID 卡等。

（6）USB（Universal Serial Bus）接口。

— USB 2.0：较旧的 USB 接口标准，用于连接各种外部设备，如鼠标、键盘、打印机等。

— USB 3.0/USB 3.1 Gen 1：较新的 USB 接口标准，提供更快的数据传输速度。

— USB 3.1 Gen 2：更高速的 USB 接口标准，支持更快的数据传输速度和更高的功率传输。

（7）显示接口。

— HDMI（High-Definition Multimedia Interface）：一种常用的数字音视频接口，用于连接显示器、电视和其他音视频设备。

— DisplayPort：另一种常用的数字音视频接口，用于连接显示器、电视和其他音视频设备。

（8）网络接口。

— Ethernet：常见的有线网络接口，用于连接计算机到局域网或互联网。

— Wi-Fi：无线网络接口，用于连接计算机到无线网络。

4. 常用的其他外部设备。

计算机常用的其他外部设备有摄像头、扫描仪、打印机和音箱等，如图 1-1-4 所示。

图 1-1-4 常用的其他外部设备

5. 配置一台计算机。

配置一台计算机，除了可以进行日常的学习工作外，还能用来玩一些比较大型的网络游戏。要求：性价比高，支持大多数游戏，读取速度快，画面效果和声音质量好，并具有一定的护眼功能，价格控制在 3 000~5 000 元。

（1）CPU 的选择：英特尔（Intel）i7 13700KF 16 核 24 线程至高睿频 5.4 GHz。

（2）主板的选择：技嘉 B360M。

（3）显卡的选择：七彩虹 iGame GeForce RTX 4060 Ti Ultra W。

（4）内存条：海盗船复仇者 32 GB（2×16 GB） DDR5 6400。

（5）固态硬盘：三星 980 NVMe M.2（500 GB）。

6. 填写个人配置表。

根据自己的需求，选购符合自己需求的计算机，并考虑价格和将来的扩充性，完成个人计算机配置表的填写，见表 1-1-1。

表 1–1–1 个人计算机配置表

名称	规格型号	参数	数量	单价	小计
CPU					
主板					
内存条					
硬盘					
固态硬盘					
显卡					
机箱					
电源					
散热器					
显示器					
鼠标					
键盘					
音箱					
打印机					
其他配件					
总价					

实训 1.2 计算机的硬件组装

实训目的

1. 掌握计算机各部件的安装方法。
2. 熟悉计算机各设备的连线方法。
3. 了解计算机系统的组成。

实训内容

1. CPU 安装。
2. 散热器安装。
3. 内存条安装。
4. 主板安装。
5. 电源安装。
6. 光盘驱动器安装。
7. 硬盘安装。
8. 显卡安装。
9. 相关数据线连接。
10. 外设连接。

实训步骤

1. 在主板上安装 CPU。

找到主板上安装 CPU 的插座，稍微向外、向上拉开 CPU 插座上的拉杆，拉到与插座垂直的位置，如图 1－2－1 所示。安装 CPU 是组装台式机的关键步骤之一。以下是在主板上安装 CPU 的详细步骤。

图 1－2－1 拉开插座拉杆

(1) 准备工作。

— 确保工作区域干净整洁,并使用防静电手环或触摸金属物体,以释放身体静电。

— 查阅主板和 CPU 的说明手册,了解正确的安装方法和注意事项。

(2) 解锁 CPU 插槽。

— 在主板上找到 CPU 插槽,通常位于主板的中央位置。

— 根据主板说明手册上的指示,解除 CPU 插槽上的保护锁。

(3) 定位 CPU 插槽和 CPU。

— 根据主板说明手册上的指示,找到 CPU 插槽和 CPU 插针的对应位置。

— 注意 CPU 插针的方向,确保与插槽上的引导标记对齐。

(4) 安装 CPU。

— 轻轻地将 CPU 插入插槽中,确保插针完全插入插槽。

— 不要用力强行插入,如果遇到阻力,检查插针的方向是否正确,并轻轻调整位置,如图 1-2-2 所示。

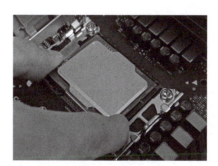

图 1-2-2　CPU 安装

(5) 锁定 CPU 插槽。

— 根据主板说明手册上的指示,锁定 CPU 插槽,通常是将保护锁重新固定到原位。

(6) 散热器安装。

— 根据使用的散热器类型(风冷散热器或水冷散热器),按照其说明手册上的指示安装散热器到 CPU 上。

(7) 热导膏应用。

— 如果使用的散热器有需要,根据其说明手册上的指示,在 CPU 表面涂抹适量的热导膏。

(8) 连接散热器。

— 将散热器的插头或固定装置与主板上的相应插座或固定孔对齐,并固定好。

2. 安装散热器。

安装台式机散热器是确保 CPU 保持适当温度的重要步骤。以下是安装台式机散热器的一般步骤。

（1）根据主板说明手册上的指示，在主板背面安装散热器支架。这通常涉及将支架固定在主板背面的孔上。

（2）根据散热器说明手册上的指示，在CPU表面上涂抹适量的热导膏。通常可以在CPU上涂抹一个小的豌豆大小的热导膏。

（3）安装散热器：将散热器放置在CPU上，确保散热器的底座与CPU上的热导膏对齐。根据散热器说明手册上的指示，将散热器固定在主板上。这可能涉及固定螺丝或卡扣。

（4）连接散热器风扇：根据散热器说明手册上的指示，将散热器风扇连接到主板上的相应风扇头针脚上。这些风扇头针脚通常位于主板上的CPU风扇插座附近。

（5）连接散热器供电：根据散热器说明手册上的指示，将散热器的供电线（如果有）连接到主板上的相应电源插座。

3. 安装内存条。

（1）安装内存条前，应将内存插槽两端的白色卡子向两边扳动，将其打开，这样才能将内存条插入。插入内存条时，内存条的1个凹槽必须直线对准内存插槽上的1个凸点（隔断）。

（2）向下插入内存条，插入的时候需要稍稍用力，如图1-2-3所示。

图1-2-3 内存条安装

4. 安装主板。

（1）在安装主板之前，将机箱提供的主板垫脚螺母安放到机箱主板托架的对应位置（有些机箱购买时就已经安装）。

（2）将I/O挡板安装到机箱的背部，然后双手平托住主板，将主板轻轻地放入机箱中，并拧上螺钉固定，如图1-2-4所示。

5. 安装电源。

先将电源放进机箱上的电源位，并将电源上的螺钉固定孔与机箱上的固定孔对正，然后拧上一个螺钉（固定住电源即可），并将剩下的3个螺钉孔对正位置，再拧上剩下的螺钉即可，如图1-2-5所示。

图 1-2-4　将主板放入机箱中

图 1-2-5　电源安装

6. 安装固态硬盘。

安装固态硬盘（SSD）是组装台式机时的常见步骤。以下是安装固态硬盘的一般步骤：在计算机机箱内找到适合安装固态硬盘的位置。机箱内通常会有专门的 2.5 英寸固态硬盘托架或固态硬盘槽，将固态硬盘插入 2.5 英寸固态硬盘托架或固态硬盘槽中。

7. 安装显卡。

显卡插入插槽中后，用螺钉固定显卡，如图 1-2-6 所示。固定显卡时，要注意显卡挡板下端不要顶在主板上，否则，显卡无法插到位。插好显卡，固定挡板螺钉时要松紧适度，注意不要影响显卡插脚与 PCI/PCE-E 槽的接触，更要避免引起主板变形。声卡、网卡或内置调制解调器的安装与之相似。

图 1-2-6　显卡安装

8. 相关数据线的连接。

（1）找到一个标有 AUDIO 的跳线插头，这个插头就是前置的音频跳线。在主板上找到 AUDIO 插槽并插入，这个插槽通常在显卡插槽附近。

（2）找到报警器跳线 SPEAKER，在主板上找到 SPEAKER 插槽并将线插入。这个插槽在不同品牌主板上的位置可能是不一样的。

（3）找到标有 USB 字样的 USB 跳线，将其插入 USB 跳线插槽中。

（4）找到主板跳线插座，其一般位于主板右下角，共有 9 个针脚，其中，最右边的针脚是没有任何用处的。将硬盘灯跳线 HDDLED、重启键跳线 RESETSW、电源信号灯线 POWERLED、电源开关跳线 POWERSW 分别插入对应的接口。

（5）连接电源线：主板上一般提供 24 PIN 的供电接口或 20 PIN 的供电接口，并连接硬盘和光驱上的电源线。

（6）连接数据接口：硬盘一般采用 SATA 接口或 IDE 接口，光驱采用 IDE 接口。现在大多数主板上都有多个 SATA 接口、一个 IDE 接口。

9. 外设的连接。

主机安装完成以后，把相关的外部设备（如键盘、鼠标、显示器、音箱等）与主机连接起来。

实训 1.3　文字录入练习

实训目的

1. 了解计算机标准键盘的分布。
2. 了解计算机键盘按键的功能。
3. 掌握计算机键盘的基本使用方法。
4. 掌握标点符号、中英文的文字录入，实现盲打。
5. 熟练掌握常用的输入法。

实训内容

1. 鼠标的基本操作。
2. 键盘的功能布局。
3. 键盘指法。
4. 英文录入练习。
5. 综合练习。

实训步骤

1. 鼠标的基本操作。

手握鼠标的正确方法：大拇指、无名指和小拇指握在鼠标侧面偏后位置，食、中二指微曲搭在左、右键上，鼠标背部和尾部不与手掌发生接触。鼠标左、右移动时，以手腕为支点左、右摆动；上、下移动时，手腕不动，靠大拇指和无名指的弯曲使鼠标在掌心内滑动。

掌握鼠标的 5 种基本操作：移动定位、单击、拖曳、右击和双击。

2. 认识键盘。

观察键盘，键盘按照各键功能的不同，划分为功能键区、主键盘区、编辑键区、小键盘区和状态指示灯区 5 个区域，如图 1-3-1 所示。

图 1-3-1　键盘的结构

（1）主键盘区。主键盘区是最常用的键盘区域，它由 A～Z 共 26 个英文字母键、0～9 共 10 个数字键和符号按键等组成。

（2）功能键区。功能键位于键盘的最上方，由 Esc 键和 F1～F12 键共 13 个键组成。

（3）小键盘区。小键盘区又称为数字键区，主要用于集中输入数字，该区域还包含了运算按键和 Enter 键，便于数字的快速输入和计算。

（4）编辑键区。编辑键区也叫控制键区，是为了方便文本编辑，其中，上、下、左、右键主要用来控制光标。

（5）状态指示灯区。该区主要用来提示小键盘工作状态、大小写状态及滚屏锁定键的状态。

（6）以下是常见键盘按键及其功能的简要介绍。

①字母和数字键：用于输入字母和数字。

②功能键（F1～F12）：这些键通常用于触发特定功能，例如，在不同的程序中可以用来打开帮助文档、刷新页面、调整音量等。

③控制键（Ctrl、Alt、Win/Cmd）：这些键通常与其他按键组合使用，以执行特定的操作，比如 Ctrl + C 组合键用于复制，Ctrl + V 组合键用于粘贴。

④空格键：用于在文本中输入空格。

⑤Enter 键：用于确认命令或者在文本编辑中换行。

⑥退格键：用于删除光标前的字符。

⑦Tab 键：用于在文本编辑中缩进或者在表格中切换到下一个单元格。

⑧上下左右箭头键：用于在文本或者文档中移动光标。

⑨删除键：用于删除光标后的字符。

⑩Page Up 和 Page Down 键：用于在文档或者网页中向上或者向下翻页。

⑪Home 和 End 键：用于在文档或者网页中跳转到开头或者结尾。

⑫Insert 键：用于切换光标的插入模式。

⑬Caps Lock 键：用于切换大写锁定状态，使输入的字母都是大写的。

⑭Shift 键：用于输入大写字母或者标点符号。

⑮数字键盘：通常位于键盘的右侧，包括数字键和运算符键，用于输入数字和进行基本的数学运算。

⑯Print Screen 键：用于截取屏幕上的内容，通常可以使用它来保存屏幕截图。

⑰Scroll Lock 键：在过去用于锁定屏幕滚动，但在现代计算机中很少使用。

⑱Pause/Break 键：通常用于暂停正在进行的进程或者程序。

⑲Windows 键（Windows 操作系统）或者 Command 键（Mac 操作系统）：用于打开"开始"菜单、启动搜索、切换应用程序等。

⑳Alt 键：用于切换菜单栏的焦点或者与其他按键组合使用来执行特定操作。

㉑Esc 键（Escape 键）：通常用于取消当前操作或关闭对话框。

㉒Ctrl 键（Control 键）：通常与其他键组合使用，用于执行各种命令和操作，比如 Ctrl + S 组合键用于保存，Ctrl + Z 组合键用于撤销等。

㉓Ctrl + Alt + Delete 组合键：在 Windows 操作系统中，这个组合键用于打开任务管理器，以便结束不响应的程序或执行其他系统管理任务。

㉔Windows 键（Windows 操作系统）或者 Command 键（Mac 操作系统）：除了打开"开始"菜单或启动搜索外，还可以与其他键组合使用执行系统级别的操作，比如 Windows + L 组合键用于锁定计算机。

㉕系统功能键：键盘上还包括一些用于系统功能的特殊按键，比如睡眠键、电源键等，用于控制计算机的休眠模式和电源状态。

㉖多媒体键：键盘上还包括一些专门用于控制音频和视频播放的多媒体按键，比如播放/暂停、上一曲/下一曲、音量调节等。

3. 键盘指法。

打字时，为了能形成条件反射的击键，必须要固定好每个手指对应的基本按键，如图 1 - 3 - 2 所示。

图 1 - 3 - 2　手指初始键位

键盘左半部分由左手负责，右半部分由右手负责。

每一根手指都有其固定对应的按键：

左小指：`、1、Q、A、Z。

左无名指：2、W、S、X。

左中指：3、E、D、C。

左食指：4、5、R、T、F、G、V、B。

左、右拇指：空白键。

右食指：6、7、Y、U、H、J、N、M。

右中指：8、I、K、,。

右无名指：9、O、L、.。

右小指：0、-、=、P、[、]、;、'、/、\。

A、S、D、F、J、K、L、;这8个按键称为"导位键",可以帮助用户经由触觉取代眼睛,用来定位操作者的手或键盘上其他的键,也即所有的键都能经由导位键来定位。

Enter键在键盘的右边,使用右小指按键。

有些键具有两个字母或符号,如数字键常用来键入数字及其他特殊符号,用右手输入特殊符号时,左小指按住Shift键;若以左手输入特殊符号,则用右小指按住Shift键。

4. 英文录入练习。

(1) 基本指法练习。

基本指法练习:ASDFJKL

基本指法练习:GH

基本指法练习:EI

基本指法练习:RTYU

基本指法练习:QWOP

基本指法练习:VBNM

基本指法练习:CX

(2) 标点符号、大小写字母转换练习。

①标点符号输入练习。

②大小写字母转换练习。

(3) 英文盲打练习。

①使用"金山打字通"软件练习,先练习"英文初学者"。

②"英文初学者"达到一定速度后,再进行"英文中级练习"。

(4) 对照以下文章,应用打字软件快速完成文章录入。

Yuan Longping, born on September 7, 1930, in Beijing, China, is a renowned Chinese agricultural scientist who dedicated his life to revolutionizing rice cultivation. Here is a summary of his remarkable journey, spanning his early years to his significant contributions:

Yuan Longping's childhood was marked by the turbulence of war and political upheaval in China. Despite these challenges, he showed exceptional academic talent and a passion for science. In 1953, he graduated from Southwest Agricultural College (now Southwest University) with a degree in agronomy.

After completing his undergraduate studies, Yuan pursued a master's degree in genetics at the Chinese Academy of Agricultural Sciences. He then joined the Hunan Hybrid Rice Research Center in 1960, where he began his groundbreaking work on hybrid rice.

Yuan's research aimed to address the food security challenges faced by China's rapidly growing population. He recognized that increasing rice yields was crucial to feeding the nation. By crossbreeding different varieties of rice, he successfully developed hybrid rice, which exhibited significantly higher yields compared to traditional rice varieties.

In 1974, Yuan Longping and his team achieved a major breakthrough by cultivating the first hybrid rice strain, known as "Liangyou – pei". This strain demonstrated a remarkable increase in yield, marking a turning point in rice production. The success of hybrid rice not only boosted agricultural productivity in China but also had a profound impact on global food production.

Yuan's dedication to improving rice cultivation did not stop there. He continued his research and developed various high – yielding hybrid rice strains, such as "Shanyou 63" and "Xieyou 9308". These strains not only increased yields but also exhibited resistance to pests and diseases, making them highly beneficial to farmers.

Recognizing the importance of sharing his knowledge and advancements, Yuan actively promoted hybrid rice technology both within China and internationally. He conducted training programs, workshops, and seminars to educate farmers and scientists about the benefits of hybrid rice cultivation.

Yuan Longping's contributions to agriculture earned him numerous accolades and recognition worldwide. He received prestigious awards, including the World Food Prize, the Wolf Prize in Agriculture, and the International Scientific and Technological Cooperation Award of the People's Republic of China.

Despite his fame and success, Yuan remained humble and committed to his mission of alleviating hunger and improving food security. He continued his research until his passing on May 22, 2021, leaving behind a lasting legacy as the "Father of Hybrid Rice".

Yuan Longping's life serves as an inspiration to scientists, agriculturalists, and individuals around the world. His relentless pursuit of innovation and his dedication to improving the lives of millions through his work on hybrid rice will forever be remembered and celebrated.

5. 中文汉字录入练习。

使用正确的坐姿和指法，在教师的指导下，打开Word文档，在15分钟内录入以下内容。录入文本前，熟悉使用Ctrl+Shift组合键和Ctrl+空格组合键进行中英文输入法的切换。

钱学森，1911年12月11日出生于中国杭州，是一位杰出的中国科学家和工程师，对航空航天工程和火箭科学做出了重大贡献。以下是他非凡一生的概述，涵盖了他的早年和有影响力的职业生涯：

钱学森对科学和工程的热情在很小的时候就显现出来。他学业出色，获得了赴美留学的奖学金。1935年，他进入美国麻省理工学院攻读航空学博士学位。

在麻省理工学院期间，钱学森的才华和对领域的奉献变得显而易见。他在喷气推进领域做出了开创性的贡献,并在超声速飞行的发展中发挥了关键作用。他的研究和专业知识使他成为航空航天工程领域的领军人物。

钱学森的声誉使他参与了第二次世界大战期间的曼哈顿计划。他与其他杰出的科学家一起工作,开发原子弹。他对该项目的贡献备受赞赏,后来被任命为加州理工学院喷气推进实验室的负责人。

然而,在美国的红色恐慌时期,钱学森的生活发生了意外的转折。1950 年,他被错误指控具有共产主义倾向,并被软禁了五年。这些指控和随后的对待深深地影响了他。

1955 年,钱学森经过中美两国艰难的谈判过程后回到了中国。他成为中国导弹和航天计划发展的关键人物。钱学森的专业知识和领导才能在中国导弹和航天技术的建立中起到了重要作用,包括东风导弹系列和中国的第一颗卫星"东方红一号"。

钱学森对中国航天工业的贡献是无可估量的。他在建立中国空间技术研究院和中国航天科技集团公司方面发挥了关键作用。在他的指导下,中国在航天探索方面取得了重要里程碑,包括载人航天任务和月球探测。

除了技术成就,钱学森还是一位敬业的教育家。他在发展中国航天教育体系和培养众多年轻科学家与工程师方面发挥了重要作用。他强调培养人才和促进科学研究的重要性,对中国的科学界产生了持久的影响。

钱学森的贡献使他获得了许多荣誉和认可,包括被誉为"中国火箭之父"和"中国航天技术之父"。他的工作在航空航天工程领域留下了不可磨灭的印记,并使中国成为航天探索的重要参与者。

钱学森的一生是对自己毅力和热情的力量的明证。尽管面临逆境,他仍然致力于科学追求,并做出了重大贡献,持续影响着航空航天工程的发展。他作为一个有远见的科学家和领导者的遗产将永远被铭记和赞美。

6. 综合练习。

选择适合自己的输入法,运用正确的坐姿和指法,打开 Word 文档,对照以下文本内容,快速完成混合中英文的录入:

徐州位于中国江苏省中部,是一个历史悠久的城市。它拥有丰富的文化遗产和自然景观。徐州被誉为"中国钢铁之都",是中国重要的工业城市之一。这里有许多钢铁企业和煤矿,对中国的经济发展起到了重要作用。除了工业,徐州还拥有一些历史名胜,如云龙湖、彭祖庙和铜山。云龙湖是一个美丽的湖泊风景区,吸引了许多游客。徐州的美食也非常有名,尤其是狮子头和徐州鸭血粉丝汤。

Xuzhou is located in the central part of Jiangsu Province, China, and is a city with a long history. It boasts rich cultural heritage and natural landscapes. Xuzhou is known as the "Steel Capital of China" and is one of the important industrial cities in the country. It is home to many steel companies and coal mines, playing a significant role in China's economic development. In addition to industry, Xuzhou also has some historical attractions, such as Yunlong Lake, Pengzu Temple, and Tongshan. Yunlong Lake is a beautiful scenic area that attracts many tourists. Xuzhou is also famous for its cuisine, especially dishes like Lion's Head Meatballs and Xuzhou Duck Blood Vermicelli Soup.

苏州位于中国江苏省东部，是一个古老而美丽的城市。苏州以其精美的园林和水乡风情而闻名于世。这里有许多历史悠久的园林，如拙政园、留园和网师园，它们被列为世界文化遗产。苏州还有许多古老的街巷和运河，如平江路和苏州运河，展现了城市独特的魅力。此外，苏州还是中国重要的经济中心之一，拥有许多高科技企业和制造业公司。苏州的美食也非常出名，如苏州菜和苏州点心，让人垂涎欲滴。

Suzhou is located in the eastern part of Jiangsu Province, China, and is an ancient and beautiful city. Suzhou is renowned for its exquisite gardens and water towns. It is home to many historically significant gardens, such as the Humble Administrator's Garden, the Lingering Garden, and the Master of the Nets Garden, which are listed as UNESCO World Heritage Sites. Suzhou also has many ancient streets and canals, such as Pingjiang Road and the Suzhou Canal, showcasing the city's unique charm. Additionally, Suzhou is one of China's important economic centers, with many high-tech companies and manufacturing firms. The cuisine of Suzhou is also famous, with dishes like Suzhou cuisine and Suzhou dim sum that are mouthwatering.

上海位于中国东部沿海，是中国最大的城市之一。上海是一个现代化的国际大都市，拥有繁华的商业区、高楼大厦和现代化的交通系统。这里有许多国际知名的地标建筑，如东方明珠电视塔、外滩和上海金茂大厦。上海也是中国的金融中心和商业中心，吸引了许多国内外企业和投资者。此外，上海还有许多艺术和文化场所，如上海博物馆和上海音乐厅，为人们提供丰富多样的文化体验。上海的美食也非常丰富多样，有各种各样的本地特色菜肴和国际美食。

Shanghai is located on the eastern coast of China and is one of the largest cities in the country. It is a modern international metropolis with bustling commercial districts, skyscrapers, and a sophisticated transportation system. Shanghai is home to many internationally renowned landmarks, such as the Oriental Pearl TV Tower, the Bund, and the Shanghai World Financial Center. It is also China's financial and business center, attracting numerous domestic and foreign companies and investors. Additionally, Shanghai has many art and cultural venues, such as the Shanghai Museum and the Shanghai Concert Hall, providing people with diverse cultural experiences. The cuisine in Shanghai is also rich and varied, with a wide range of local specialties and international cuisine.

北京位于中国北部，是中国的首都。作为一个拥有悠久历史的城市，北京拥有许多世界著名的文化和历史遗迹。这里有故宫、天安门广场和长城等标志性建筑，吸引了大量游客。北京还是中国的政治中心，许多重要的政府机构和外交使馆都设在这里。此外，北京也是中国的教育中心，拥有许多著名的大学和研究机构。北京的美食也非常有名，如北京烤鸭和老北京炸酱面，是人们必尝的特色美食。

  Beijing is located in northern China and serves as the capital of the country. As a city with a long history, Beijing is home to many world – famous cultural and historical sites. It boasts iconic landmarks such as the Forbidden City, Tiananmen Square, and the Great Wall, attracting a large number of tourists. Beijing is also the political center of China, housing many important government institutions and foreign embassies. Additionally, Beijing is a major educational hub with many renowned universities and research institutions. The cuisine of Beijing is also famous, with dishes like Peking Duck and Beijing – style Zhajiangmian being must – try specialties.

项目 2

认识Windows 11操作系统

实训 2.1　Windows 11 系统设置

实训目的

1. 掌握"显示"属性的设置方法。
2. 掌握屏幕保护程序的设置方法。
3. 掌握桌面背景的设置方法。
4. 掌握时间与日期的设置方法。

实训内容

1. 设置屏幕分辨率为1 920像素×1 080像素。
2. 设置屏幕保护程序为"3D"文字,等待时间为6分钟。
3. 将桌面背景图案设置为计算机内置图片。
4. 将系统时间设置为2024年1月10日14时50分。
5. 护眼模式设置。

实训步骤

1. 打开显示属性并设置。

（1）在桌面空白处右击,在弹出的快捷菜单中选择"屏幕分辨率"选项,如图2-1-1所示。或者用鼠标左键单击系统"开始"桌面菜单,在弹出的列表中单击"设置"选项,在"设置"界面中单击"系统"选项,如图2-1-2所示。

（2）在"系统"界面中单击"屏幕"选项,在下侧"显示器分辨率"下拉列表中选择"1 920×1 080"选项,在弹出的信息通知框中单击"保留更改"按钮,完成设置,如图2-1-3所示。

图2-1-1　快捷菜单

图 2-1-2　系统界面

图 2-1-3　屏幕分辨率设置

2. 设置屏幕程序保护。

（1）用鼠标左键单击"设置"界面中的"个性化"，在右侧选择相关设置中的"屏幕保护程序设置"。

（2）在弹出的"屏幕保护程序设置"界面中，进行相应设置，单击"确定"按钮，如图 2-1-4 所示。

3. 设置桌面背景图案。

（1）在桌面空白处右击，在弹出的菜单中单击"个性化"选项。

（2）单击"个性化"选项后，在弹出的"设置"界面中单击"背景"选项。

（3）在"个性化-背景"界面中，单击右侧"纯色"选项的下拉按钮，在列表中单击"纯色"选项，然后在"选择你的背景色"下单击想要设置的颜色，完成桌面背景纯色设置；或者单击"图片"选项下方的系统图片，将桌面设置为计算机中的所选图片，如图 2-1-5 所示。

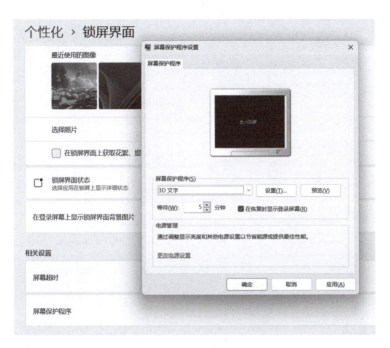

图 2−1−4 "屏幕保护程序设置"界面

图 2−1−5 桌面背景设置

4. 设置时间和日期。

（1）在"Windows 设置"界面中单击"时间和语言"选项。

（2）将"自动设置时间"设置为关闭，单击"手动设置日期和时间"下方的"更改"按钮，如图 2−1−6 所示。

（3）在"更改日期和时间"对话框中进行日期和时间的设置，设置完成后，单击"更改"按钮，如图 2−1−7 所示。

图 2-1-6 "日期和时间"设置

图 2-1-7 更改日期和时间

5. 护眼模式设置。

Windows 11 操作系统中增加了"夜间模式",开启后,可以像手机一样减少蓝光,特别是在晚上或者光线特别暗的环境下,可以在一定程度上减少用眼疲劳。

步骤 1:单击屏幕右下角的"电源"图标,弹出电源栏,如图 2-1-8 所示。

步骤 2:在电源栏中,单击"夜间模式"按钮,则电脑屏幕亮度变暗,颜色偏黄。

步骤 3:右击桌面空白处,选择"个性化"选项卡,打开"系统-屏幕"对话框,如图 2-1-9 所示,打开"夜间模式"。

步骤 4:在弹出的"夜间模式"界面中拖曳"强度"滑块,可以调节显示器亮度。

步骤 5:开启夜间模式,同时可以选择"日落到日出 17:19—7:19"或"设置小时",图 2-1-10 所示。

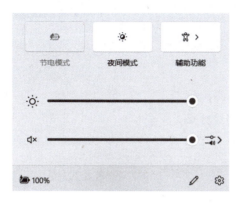

图 2–1–8　电源栏

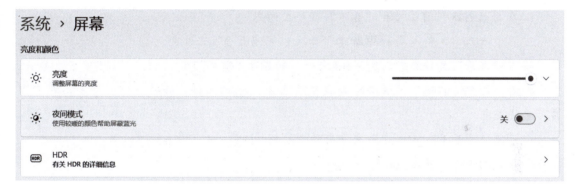

图 2–1–9　"系统–屏幕"对话框

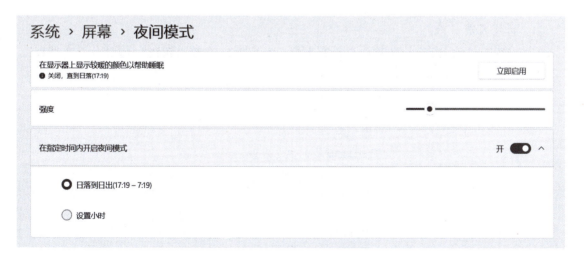

图 2–1–10　"夜间模式"设置对话框

实训 2.2　Windows 11 操作系统的文件管理

实训目的

1. 了解常见文件类型及其扩展名。
2. 掌握文件（夹）的创建方法。
3. 掌握文件（夹）的搜索方法。
4. 掌握文件（夹）的复制、移动的方法。
5. 掌握文件（夹）的删除方法。

实训内容

1. 在 C 盘创建"图片"和"音乐"两个文件夹。
2. 在"音乐"文件（夹）中新建"音乐1""音乐2"文件夹。
3. 在"音乐"文件夹中创建 Word 文档，命名为"歌词"。
4. 在"C:\Windows"文件夹中查找扩展名为 .jpg 的文件，并将它们全部复制到"图片"文件夹中。
5. 删除"音乐1""音乐2"文件夹和"歌词.doc"。
6. 恢复删除的"歌词.doc"文件。
7. 彻底删除"音乐2"文件夹。

实训步骤

1. 新建文件（夹）。

（1）双击"此电脑"，双击 C 盘，右击窗口空白处，单击"新建"选项→"文件夹"，如图 2-2-1 所示，命名为"图片"。

图 2-2-1　新建文件夹

（2）双击"此电脑",双击"C盘",右击窗口空白处,单击"新建"选项→"文件夹",命名为"音乐"。

（3）双击"音乐"打开文件夹,再使用上述方法建立"音乐1"和"音乐2"两个文件夹。

（4）双击进入"音乐"文件夹,单击右键,在弹出的菜单中选择"新建"→"DOCX文档",直接命名为"歌词";或者右击该WPS文档图标,在弹出的快捷菜单中选择"重命名"命令,重命名该文档。修改文件名时,注意不能破坏原文件类型。

2. 搜索文件。

双击"此电脑",双击"C盘",双击"Windows"文件夹,在"搜索"框中输入"jpg",搜索结果如图2-2-2所示。

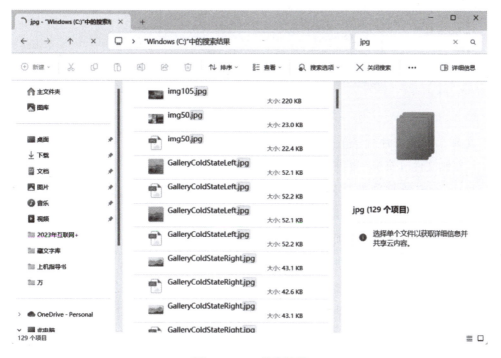

图2-2-2 搜索结果

3. 选取文件（夹）。

（1）选取单个文件（夹）：要选定单个文件（夹）,只需用鼠标单击所需的对象即可。

（2）选取多个连续文件（夹）：鼠标单击第一个要选定的文件（夹）,然后按住Shift键,再单击最后一个文件（夹）;或者用鼠标拖动,绘制出一个选区选中多个文件（夹）。

（3）选取多个不连续文件（夹）：按住Ctrl键再逐个单击要选中的文件（夹）。

（4）选取当前窗口全部文件（夹）：单击"主页"选项卡→"选择"组→"全部选择"按钮;或使用Ctrl+A组合键完成全部文件（夹）选取的操作,如图2-2-3所示。

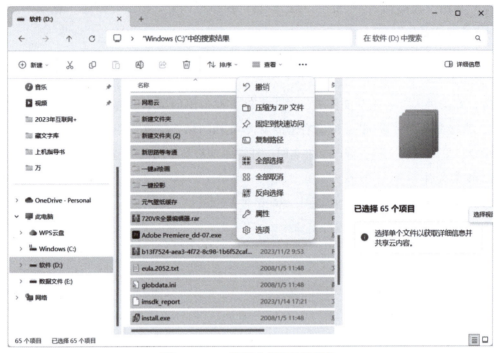

图 2-2-3　选取全部文件的操作

4. 复制、移动文件（夹）。

（1）复制文件（夹）：复制文件（夹）的操作由"复制"和"粘贴"两个步骤构成。

方法 1：选定要复制的文件（夹），右击，选择"复制"命令，然后右击目标文件（夹），选择"粘贴"命令或使用 Ctrl + V 组合键。

方法 2：单击"主页"选项卡→"剪切板"组→"复制"按钮，再进行粘贴操作。

方法 3：使用鼠标实现文件（夹）复制，若在同一磁盘中复制，则选中对象，按住 Ctrl 键，再拖动选定的对象到目标地；若在不同磁盘中复制，拖动选定的对象到目标地。

（2）移动文件（夹）：移动文件（夹）的操作由"剪切"和"粘贴"两个步骤构成。

方法 1：选定文件（夹），单击"主页"选项卡→"剪切板"组→"剪切"按钮，然后双击目标文件（夹），单击"主页"选项卡→"剪切板"组→"粘贴"按钮。

方法 2：选定文件（夹），按 Ctrl + X 组合键，然后选定文件夹，按 Ctrl + V 组合键。

方法 3：使用鼠标实现文件（夹）移动。对于同一磁盘中的文件（夹）移动，直接拖动选定的对象到目标地即可；对于不同磁盘中的移动，选中对象，按 Shift 键，再拖动到目标地。

5. 删除文件（夹）。

（1）删除文件到"回收站"。单击文件"歌词.doc"，然后右击，在右键菜单中选择"删除"命令。或者单击选中"歌词.doc"文件，直接按键盘上的 Delete 键删除，在弹出的"确认文件删除"对话框中单击"是"按钮完成删除。

(2)用同样的方法选中"音乐1"和"音乐2"文件(夹),删除文件(夹)。在弹出的"确认文件(夹)删除"对话框中单击"是"按钮,即在原位置把文件(夹)"音乐1"和"音乐2"删除并放入回收站。

(3)删除文件(夹)也可以利用任务窗格和拖曳法来进行。

6. 恢复被删除的文件。

(1)打开"回收站"。在桌面上双击"回收站"图标,打开"回收站"窗口。

(2)还原被删除文件。在"回收站"窗口中选中要恢复的"歌词.doc"文件,单击"回收站工具"选项卡→"还原"组→"还原选定的项目"按钮,还原选定文件。或者选定需要恢复的文件(夹),右击,在右键菜单中选择"还原"命令。

7. 彻底删除。

在"回收站"中选中"音乐2"文件(夹),右击,在右键菜单中选择"删除"即可。若要删除回收站中所有的文件(夹),则选择"清空回收站"。

文件(夹)彻底删除的快捷操作方法是选定需要彻底删除的文件,同时按Shift + Delete组合键即可。

项目 3

文字处理软件——WPS 文档

实训 3.1　文档排版——制作社团招新启事

实训目的

1. 掌握字体格式的设置。
2. 掌握段落格式的设置。
3. 掌握项目符号和编号的设置。
4. 掌握边框和底纹的设置。
5. 掌握保护文档的设置。

实训内容

1. 打开文档。

打开"社团招新启事.wps"文档。

2. 设置字体格式。

设置社团招新启事的标题格式为"方正小标宋简体，二号，加粗"，标题以外的正文文字字体设置为"仿宋_GB2312，三号"，英文字体设置为"Times New Roman，三号"。设置标题文本"社团联合会简介"和"部门简介"的格式为"仿宋，三号，加粗"，同时设置"缩放 150%，加宽 2 磅"。设置文本"联系我们""加入 QQ 群"格式为"深红字体，加粗下划线"。

3. 设置段落格式。

设置标题文本为"居中对齐"，剩下的文本为"左对齐"。正文首行缩进为"2 字符"。设置标题段前和段后间距均为"1 行"。设置正文行间距为"固定值 24 磅"。

4. 设置项目符号和编号。

为"社团联合会简介"和"部门简介"文本统一设置项目符号为"◆"。为"办公室"

"宣传部""组织部"和"发展与规划部"文本统一设置项目编号为"①,②,③,④"。

5. 设置边框与底纹。

为邮件地址设置深红色底纹。为QQ群的群号设置边框,使用"方框"边框样式,边框样式为"双线"样式,并设置底纹为"暗板岩蓝,文本2,深色15%"。

6. 保护文档。

为文档加密,密码为"STLHH_123456"。

社团招新启事的最终效果如图3-1-1所示。

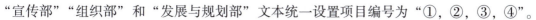

图 3-1-1 社团招新启事的最终效果

实训步骤

1. 打开文档。

进入文档所在的文件夹中,双击"社团招新启事.wps"文档,打开社团招新启事文件。或在文件上右击,在弹出的菜单栏中单击"打开"选项,即可打开文档。

2. 设置字体格式。

(1)使用选项卡设置字体格式。

实训要求:设置社团招新启事的标题格式为"方正小标宋简体,二号,加粗",标题以外的正文文字字体设置为"仿宋_GB2312,三号",英文字体设置为"Times New Roman,三号"。

选中要修改的标题,单击WPS中的"开始"选项卡中的"字体"组,单击"字体"选择框后面的"下拉"按钮,在候选字体中,找到"方正小标宋简体",在后面的"字号"选择框内,选择"二号"字号选项。操作过程如图3-1-2和图3-1-3所示。使用同样的方法设置文本中的其他字体、字号。

图3-1-2 使用"字体"组进行字体设置

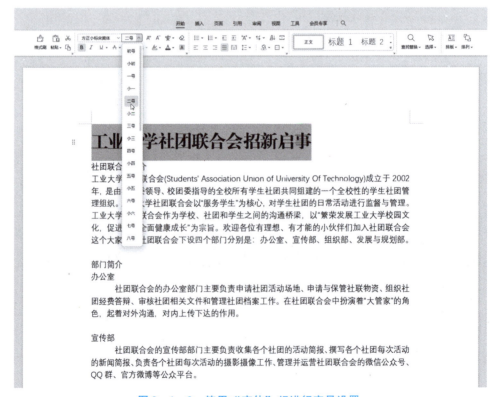

图3-1-3 使用"字体"组进行字号设置

(2) 使用"字体"组对字体格式进行设置。

实训要求:设置标题文本"社团联合会简介"和"部门简介"的格式为"仿宋,三号,加粗",同时设置"缩放150%,加宽2磅"。设置文本"联系我们""加入QQ群"格式为"深红字体,加粗下划线"。

选中需要修改的字体,在"字体"组中单击"B(加粗)"按钮,对字体进行加粗,也可以使用Ctrl + B组合键对选择的字体进行加粗。操作过程如图3 – 1 – 4所示。

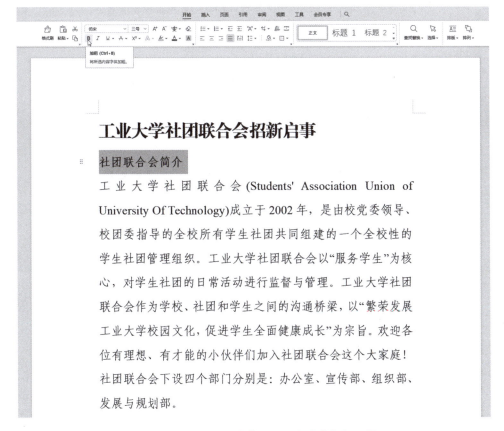

图3 – 1 – 4　使用"字体"组进行字体加粗设置

对文本"联系我们""加入QQ群"格式进行设置,设为"深红字体,加粗下划线"。

选中"联系我们"等要处理的字体,在"开始"选项卡中,找到"字体"组,在组别中找到"字体颜色"选项,在后面的"下拉"按钮中,选择"深红"颜色选项。操作过程如图3 – 1 – 5所示。

选中"联系我们"等要处理的字体,在"开始"选项卡中,找到"字体"组,在组别中找到"下划线(U)"选项,在后面的下拉按钮中,可以对下划线样式进行设置,在此实训中,选中"加粗"类型,当然,也可以使用Ctrl + U组合键,对选择的字体添加下划线。操作过程如图3 – 1 – 6所示。

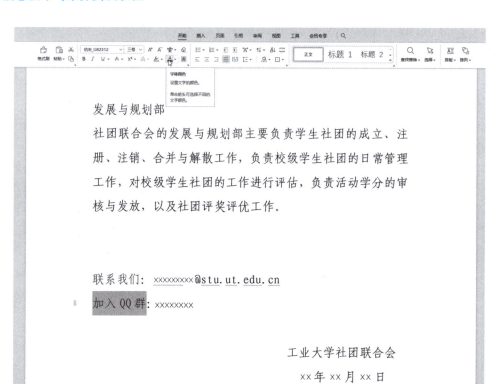

图 3-1-5　使用"字体"组更改字体颜色

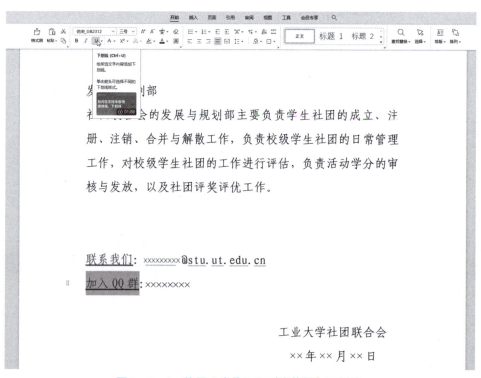

图 3-1-6　使用"字体"组对字体添加下划线

(3) 使用"字体"对话框设置字体格式。

对标题"社团联合会简介"和"部门简介"设置"缩放150%,加宽2磅"效果。

选中要修改的文本,右击,在选项卡中单击"字体"选项,弹出"字体"对话框。

在弹出的"字体"对话框中,单击"字体间距"选项卡,在"缩放"选项中选择"150%"。在"间距"选项中,选择"加宽"选项,修改后面值的单位为"磅",并将数值修改为2磅。操作过程如图3-1-7所示。

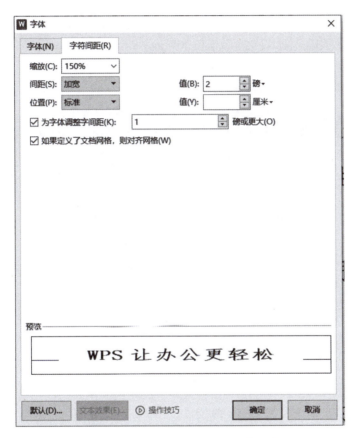

图3-1-7 设置"字体间距"选项卡

3. 设置段落格式。

实训要求:设置标题文本为"居中对齐",剩下的文本为"左对齐"。正文首行缩进为"2字符"。设置标题段前和段后间距为"1行"。设置正文行间距为"固定值24磅"。

(1) 设置段落对齐方式。

选中社团招新启事中的标题,单击"开始"选项卡"段落"组中的"居中对齐"按钮,操作过程如图3-1-8所示。

选中剩下的文本,单击"开始"选项卡"段落"组中的"左对齐"按钮,操作过程如图3-1-9所示。

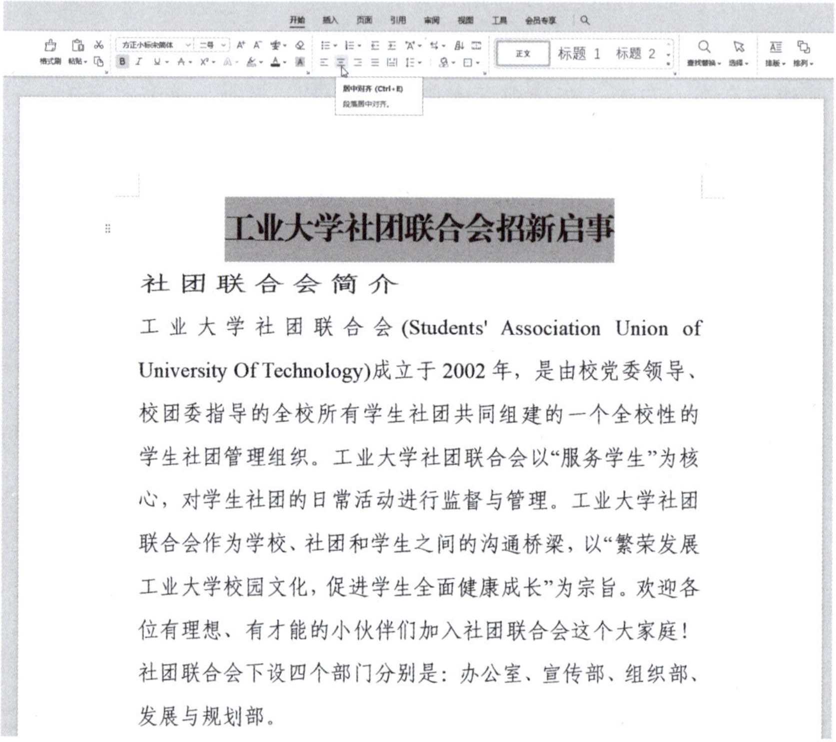

图 3－1－8　设置为"居中对齐"

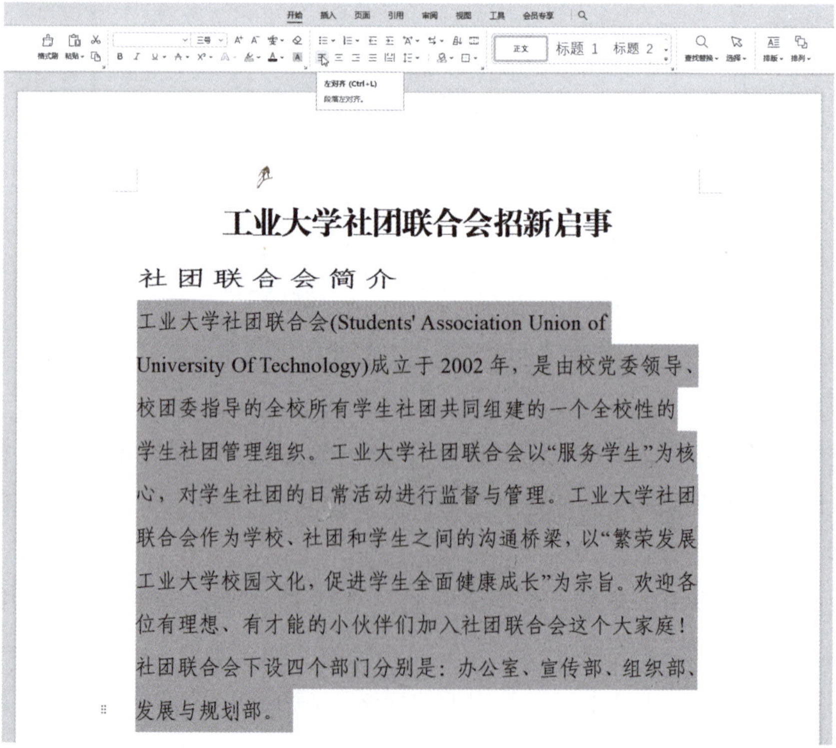

图 3－1－9　设置为"左对齐"

（2）设置段落缩进。

①正文首行缩进"2 字符"。

选择文本中除去标题以及最后四行以外的所有的文本内容。单击"开始"选项卡"段落"组中的"对话框启动器"按钮，在弹出的"段落"对话框中，选择"缩进和间距"选项卡，在"缩进"一栏中，选择"特殊格式"中的"首行缩进"，在"度量值"中填入"2"字符，单击"确定"按钮。操作过程如图 3 – 1 – 10 所示。

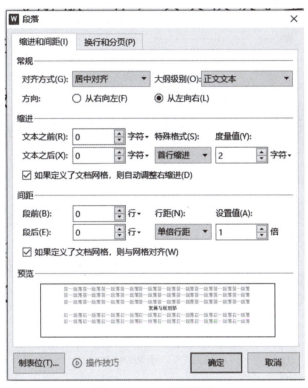

图 3 – 1 – 10 设置段落

②设置标题"间距"为段前、段后各"1 行"。

选择文本中的标题，单击"开始"选项卡"段落"组中的"对话框启动器"按钮，在弹出的"段落"对话框中，选择"缩进和间距"选项卡，在"间距"一栏中，在"段前"与"段后"输入框中分别输入"1"行，单击"确定"按钮。操作过程如图 3 – 1 – 11 所示。

③设置正文行间距为"固定值24 磅"。

选择文本中的正文，单击"开始"选项卡"段落"组中的"对话框启动器"按钮，在弹出的"段落"对话框中，选择"缩进和间距"选项卡，在"间距"一栏中，在"行距"选择框中选择"固定值"选项，在"设置值"中输入"24"磅，单击"确定"按钮。操作过程如图 3 – 1 – 12 所示。

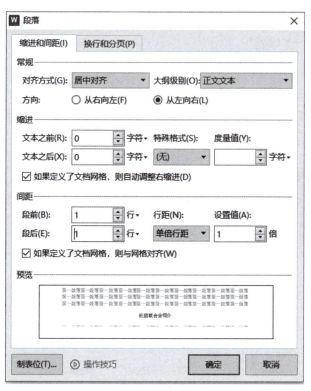

图 3-1-11　设置间距

图 3-1-12　设置正文行距

4. 设置项目符号与编号。

实训要求：为"社团联合会简介"和"部门简介"文本统一设置项目符号为"◆"。为"办公室""宣传部""组织部"和"发展与规划部"文本统一设置项目编号为"①，②，③，④"。

（1）设置项目符号。

为"社团联合会简介"和"部门简介"文本统一设置项目符号为"◆"。

选中"社团联合会简介"和"部门简介"文本，单击"开始"选项卡"段落"组中的"项目符号"下拉按钮，在下拉列表中选择"项目符号"中的"◆"符号。操作过程如图 3–1–13 所示。

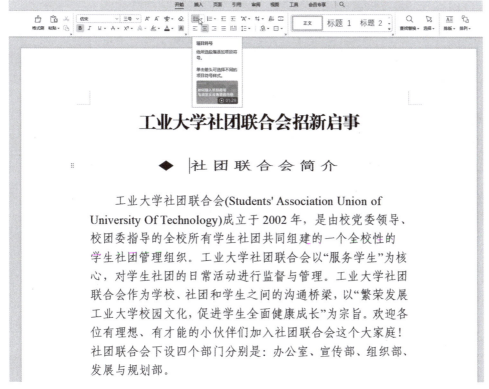

图 3–1–13　设置标题项目符号

（2）设置项目编号。

为"办公室""宣传部""组织部"和"发展与规划部"文本统一设置项目编号为"①，②，③，④"。

选中"办公室""宣传部""组织部"和"发展与规划部"文本，单击"开始"选项卡"段落"组中的"编号"下拉按钮，在下拉列表中选择"编号"中的"①，②，③，④"符号。操作过程如图 3–1–14 所示。

重复上述操作，完成文档其余段落文本的编号设置。

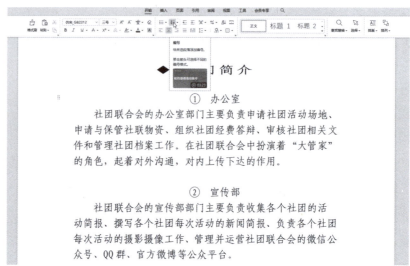

图 3-1-14 设置标题编号

5. 设置边框与底纹。

实训要求：为邮件地址设置深红色底纹。为QQ群的群号设置边框，使用"方框"边框样式，边框样式为"双线"样式，并设置底纹为"暗板岩蓝，文本2，深色15%"。

（1）为电子邮件地址设置底纹。

选中电子邮件地址"××××××××@stu.ut.edu.cn"文本，单击"页面"选项卡中的"页面边框"选项，在弹出的"边框和底纹"对话框中选择"底纹"选项卡，在"填充"选项中选择"深红色"，最后单击"确定"按钮。操作过程如图3-1-15所示。

图 3-1-15 设置底纹

（2）为文本设置边框和底纹。

选中QQ群数字"×××××××"文本，单击"页面"选项卡中的"页面边框"选项，在弹出的"边框和底纹"对话框中,选择"边框"选项卡,在左边的"设置"一栏中选择"方框"格式,在中间的"线型"一栏中选择"双线"样式,单击"确定"按钮。操作过程如图 3-1-16 所示。

图 3-1-16　为文本设置边框

随后,单击"页面"选项卡中的"页面边框"选项,在弹出的"边框和底纹"对话框中选择"底纹"选项卡,在"图案"一栏中,选择"样式"下拉框中的"深色15%",在"颜色"下拉框中选择"暗板岩蓝,文本2",单击"确定"按钮。操作过程如图 3-1-17 所示。

图 3-1-17　为文本设置底纹

6. 保护文档。

为文档加密，密码为"STLHH_123456"。

单击"文件"菜单，选择"文件加密"选项，在"文件加密"菜单中选择"保密码加密"选项，在弹出的"密码加密"对话框中，可以对文件的"打开权限"和"编辑权限"加密，本次实训以"打开权限"为例。在"打开文件密码"输入框中，输入密码"STLHH_123456"，输入密码时，注意区分中英文输入和字母大小写。同时，在"再次输入密码"输入框中，重复输入刚才的密码。忘记密码时，系统在"密码提示"输入框中会给予提示。操作过程如图 3－1－18 所示。

图 3－1－18　为文档加密

设置好密码后，再次打开文件时，需要输入密码才能查看文件，如图 3－1－19 所示。

图 3－1－19　文本打开时需要输入密码

实训 3.2 图文混排——制作社团宣传手册

实训目的

1. 掌握文本框的插入和编辑操作。
2. 掌握图片和剪贴画的插入与编辑操作。
3. 掌握艺术字的插入和编辑操作。
4. 掌握 SmartArt 图形的插入和编辑操作。
5. 掌握表格的编辑操作。
6. 掌握封面的添加和编辑操作。

实训内容

打开"社团宣传.wps",完成如下操作:

1. 插入并编辑文本框。

在文档标题处插入"横向文本框",在文本框中输入样张中的标题文字,并将文本格式设置为"宋体,三号",同时,设置文本框的边框轮廓为圆点虚线。

2. 插入图片并编辑。

将插入点定位到标题左侧,插入"足球场.jpg"图片,设置图片的显示方式为"四周型环绕",然后将其移动到"协会简介"的右侧,调整到合适的位置,同时,修改图片的大小,设置图片的高为 9 cm,宽为 6 cm。

3. 插入形状并编辑。

在"协会简介、宗旨、协会赛事、基本机构以及分工"四个段落后面各插入一条直线,进行板块划分。

4. 插入艺术字并编辑。

选中文本结尾的"欢迎各位加入足协的大家庭!",然后插入艺术字,设置形状效果为"填充-白色,轮廓-着色2,清晰阴影-着色2",设置艺术字的"布局选项"为"上下型环绕"。

5. 插入流程图。

在"基本机构以及分工"标题下的段落后面插入一个协会组织结构图,并在对应的位置输入文本。

6. 插入封面。

为文档插入一个封面,然后在"文档标题"处输入"工业大学足球协会宣传手册"文本,在"日期"处输入"××年××月××日"文本,并调整好文本格式,删除其余文本。

文档最终效果如图 3-2-1 所示。

图 3-2-1　文档最终效果

实训步骤

1. 插入并编辑文本框。

实训要求：在文档标题处插入"横向文本框"，在文本框中输入样张中的标题文字，并将文本格式设置为"宋体，三号"，同时设置文本框的边框轮廓为圆点虚线。

打开"社团宣传.wps"文档，将光标放置在文档标题位置，单击"插入"选项卡"文本"组中的"文本框"下拉按钮，选择"横向"，此时，鼠标变为十字形，在文本合适的位置画出文本框，并在其中输入标题文字。

输入完标题文字后，选中输入的文字，按照"宋体，三号"设置标题的字体以及字号。

设置完字体后，选中"文本框"，在右侧出现的三个小图标中选中"形状轮廓"选项，在弹出的菜单栏中选中"虚线线型"，在"虚线线型"中选择"圆点"格式，完成文本框边框轮廓的设置。操作过程如图 3-2-2 所示。

2. 插入图片并编辑。

实训要求：将插入点定位到标题左侧，插入"足球场.jpg"图片，设置图片的显示方式为"四周型环绕"，然后将其移动到"协会简介"的右侧，调整到合适的位置，同时，修改图片的大小，设置图片的高为 9 cm，宽为 6 cm。

将光标移至标题右侧，单击"插入"选项卡，选择"插图"组别中的"图片"选项，单击后，在出现的菜单栏中，选择"来自文件"选项，操作过程如图 3-2-3 所示。然后，选择"足球场.jpg"所在的位置，找到"足球场.jpg"文件，单击"插入"按钮。

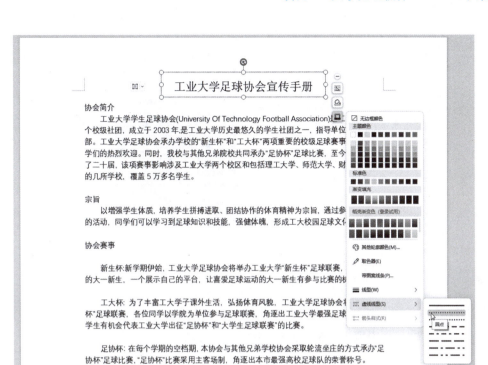

图 3-2-2　设置文本框

图 3-2-3　插入图片

选择图片,在图片右侧的工具栏中选择"布局选项",在"布局选项"对话框中选择"文字环绕"组中的"四周型环绕"选项。操作过程如图 3-2-4 所示。

图 3-2-4 设置图片

选择图片，在"图片工具"选项卡中选择"大小"组别，在"长"输入框中填入"9"厘米，在"宽"输入框中填入"6"厘米。操作过程如图 3-2-5 所示。

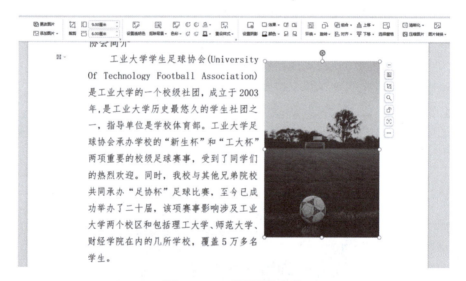

图 3-2-5 设置图片大小

3. 插入形状。

实训要求：在"协会简介、宗旨、协会赛事、基本机构以及分工"四个段落后面各插入一条直线，进行板块划分。

单击"插入"选项卡，选择"插图"组中的"形状"选项，在弹出的菜单中选择"线条"栏中的"直线"，此时鼠标变为"十"字形状，在合适的位置单击鼠标，完成直线的绘制，通过键盘上的方向键对直线就行微调，调整到合适的位置。使用同样的手法绘制其他三条直线。操作过程如图 3-2-6 所示。

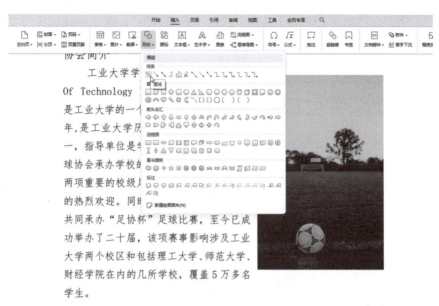

图 3-2-6 绘制形状

4. 插入艺术字并编辑。

选中文本结尾的"欢迎各位加入足协的大家庭!",然后插入艺术字,设置形状效果为"填充-白色,轮廓-着色2,清晰阴影-着色2",设置艺术字的"布局选项"为"上下型环绕"。

选择文本"欢迎各位加入足协的大家庭!",单击"插入"选项卡"插图"组中的"艺术字"选项,在弹出的菜单中选择"艺术字预设"栏中的"填充-白色,轮廓-着色2,清晰阴影-着色2"。然后对艺术字的字体、大小进行调整,使之美观。操作过程如图 3-2-7 所示。

图 3-2-7 编辑艺术字

选择艺术字,在艺术字右侧的工具栏中选择"布局选项",在"布局选项"对话框中选择"文字环绕"组中的"上下型环绕"选项。操作过程如图3-2-8所示。

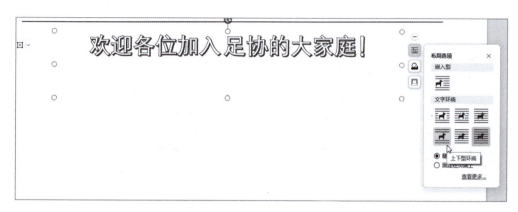

图3-2-8 设置艺术字布局

5. 插入流程图。

在"基本机构以及分工"标题下的段落后面插入一个协会组织结构图,并在对应的位置输入文本。

单击"插入"选项卡"插图"组中的"流程图"下拉按钮,在下拉列表中选择"本地流程图"选项,第一次使用时,需要等待系统加载。操作过程如图3-2-9所示。

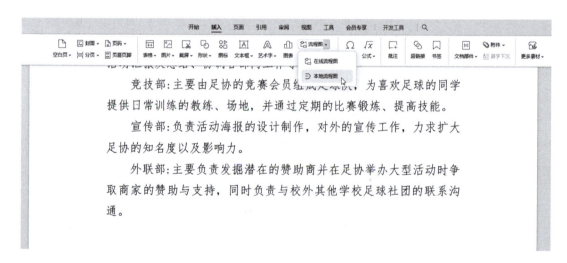

图3-2-9 打开本地流程图

进入"本地流程图"界面,从界面左侧工具栏中的"基本绘图形状"中拖动"长方形"图形到画布中,随后在长方形中输入"工业大学足球协会",字体与字号按照前面所学进行适当的调整,也可以对"长方形"的大小进行调整。操作过程如图3-2-10所示。

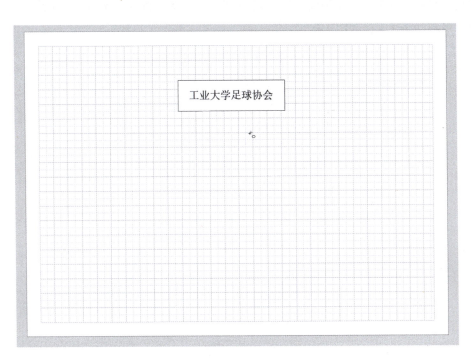

图 3-2-10　绘制长方形（1）

随后按照前面所学依次拖动出其他部门。操作过程如图 3-2-11 所示。

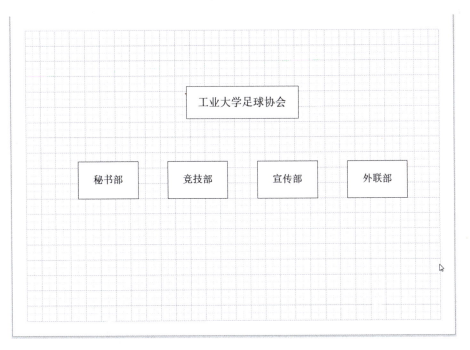

图 3-2-11　绘制长方形（2）

最后从界面的左侧工具栏中选择"连接符"中的"点到点连接线",在图形上进行连接。操作过程如图3-2-12所示。

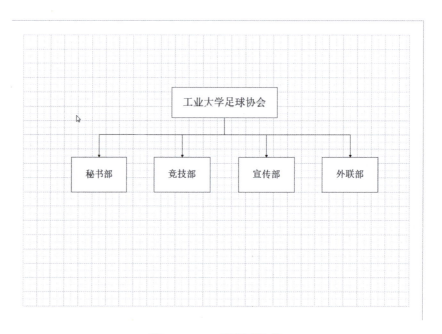

图3-2-12 绘制连接线

将绘制好的流程图插入文档中,做适当的调整,最终效果如图3-2-13所示。

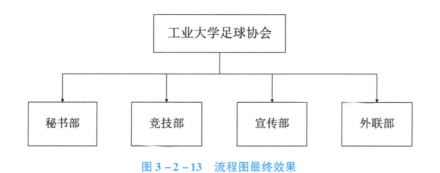

图3-2-13 流程图最终效果

6. 插入封面。

为文档插入一个封面,然后在"文档标题"处输入"工业大学足球协会宣传手册"文本,在"日期"处输入"××年××月××日"文本,并调整好文本格式,删除其余文本。

单击"插入"选项卡"页面"组中的"封面"下拉按钮,选择一个合适的封面,在"文档标题"处输入文本"工业大学足球协会宣传手册",在"日期"处输入文本"××年××月××日",并调整好文本格式,删除其余文本。封面效果如图3-2-14所示。

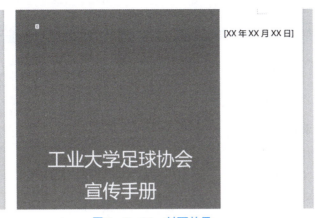

图 3-2-14　封面效果

实训 3.3　页面设计——制作迎新晚会邀请函

实训目的

1. 掌握文档背景设置操作。

2. 熟练使用各种主文档。

3. 掌握邮件合并的功能。

4. 掌握 Word 综合运用。

实训内容

1. 创建主文档并设置文档格式。

（1）设置页面大小。自定义纸张页面大小，宽度为 11.5 厘米，高度为 17 厘米，上、下、左、右边距为 0 厘米。

（2）设置页面背景。

（3）绘制艺术字。在页面顶部绘制标题为"邀请函""202×工业大学迎新生晚会"的艺术字，艺术字样式随意，字体格式分别设置为"华文行楷""小初""加粗"和"华文新魏""二号"。

（4）绘制文本框。在页面中部绘制文本框，设置文本框格式为"无填充""无轮廓"，输入文字样图上的文字，设置字体格式为"宋体""三号""加粗"，并在"尊敬的"文字后面绘制一条直线。

2. 准备 Excel 数据源。

用 Excel 表格软件制作迎新晚会邀请单位相应的数据源。

3. 邮件合并设置。

利用邮件合并功能完成邀请函的制作。

4. 打印预览并保存文件。

打印文档，并保存文档。

最终效果如图 3-3-1 所示。

实训步骤

1. 创建主文档并设置文档格式。

实训要求：

（1）设置页面大小。自定义纸张页面大小，宽度为 11.5 厘米，高度为 17 厘米，上、下、左、右边距为 0 厘米。

图 3-3-1　最终效果图

单击"页面"选项卡,在"页边距"旁边的"上、下、左、右"编辑框中分别填入页边距数值"0 cm"。操作过程如图 3-3-2 所示。单击"纸张大小"下拉按钮,在下拉菜单中选择"其他页面大小"。在弹出的"页面设置"对话框中,选择"纸张"选项卡,在"纸张大小"编辑框中,将"宽度"改为"11.5 厘米","高度"改为"17 厘米",单击"确定"按钮。操作过程如图 3-3-3 所示。

图 3-3-2　设置页面大小

(2) 设置页面背景。

单击"页面"选项卡,在"背景"下拉菜单中选择"其他背景"中的"纹理"选项,然后选择一个合适的纹理图案。操作过程如图 3-3-4 所示。

(3) 绘制艺术字。在页面顶部绘制标题为"邀请函"的艺术字,艺术字样式随意,字体格式设置为"华文行楷""小初""加粗"。在页面顶部绘制标题为"202×工业大学迎新生晚会"艺术字,艺术字样式随意,字体格式设置为"华文新魏""二号"。

依照前面实训所讲,绘制所需艺术字。完成效果如图 3-3-5 所示。

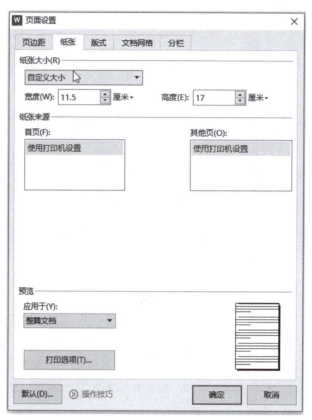

图 3-3-3 设置纸张大小

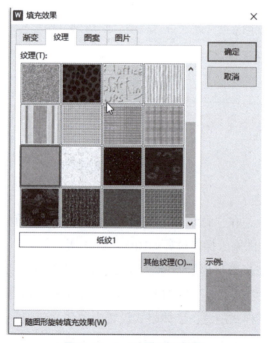

图 3-3-4 设置页面背景

图3-3-5 绘制艺术字

(4) 绘制文本框。在页面中部绘制文本框,设置文本框格式为"无填充""无轮廓",输入文字样图上的文字,设置字体格式为"宋体""三号""加粗",并在"尊敬的"文字后面绘制一条直线。

单击"插入"选项卡"文本框"下拉按钮,选择"横向",在合适的位置绘制文本框,并在文本框中输入样图中的文字。选中"文本框"右侧工具栏的"形状填充"中的"无填充颜色"。在右侧工具栏中选择"形状轮廓"中的"无边框颜色"。效果如图3-3-6所示。

图3-3-6 绘制并编辑文本框

2. 准备 Excel 数据源。

用 Excel 表格软件制作迎新晚会邀请单位相应的数据源。

准备好的数据如图 3-3-7 所示。

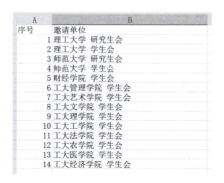

图 3-3-7 准备好的数据

3. 邮件合并设置。

利用邮件合并功能完成邀请函的制作。

选中要插入数据的区域，然后选择"引用"选项卡中的"邮件"选项，在弹出的新工具栏中单击"打开数据源"下拉按钮，选择"打开数据源"。操作过程如图 3-3-8 所示。

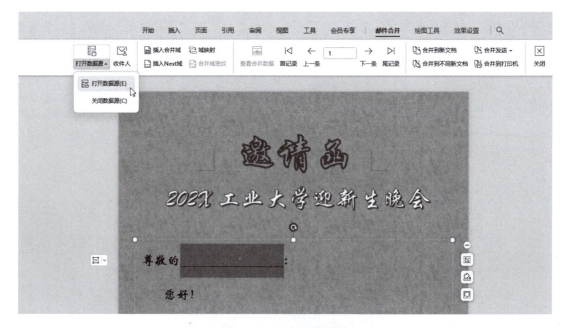

图 3-3-8 打开数据源

随后，在弹出的"选择数据源"对话框中，选中准备好的数据文件"邀请名单.xls"，在弹出的"选择表格"对话框中，选择"Sheet1"。操作过程如图 3-3-9 所示。

项目3　文字处理软件——WPS 文档

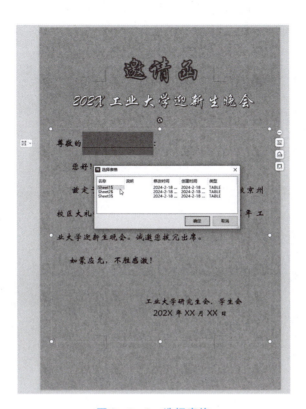

图3-3-9　选择表格

单击"收件人"选项，在弹出的"邮件合并收件人"对话框中，可以查看到已经被导入的数据。操作过程如图3-3-10所示。

图3-3-10　邮件合并收件人

单击"插入合并域"选项，在弹出的"插入域"对话框中，选中"邀请单位"，单击"插入"按钮，随后单击"关闭"按钮。操作过程如图 3-3-11 所示。

图 3-3-11 插入数据

最后，在"邮件合并"选项卡中，选择"合并到新文档"选项，在弹出的对话框中，选择"全部"选项，单击"确定"按钮。最终效果如图 3-3-12 所示。

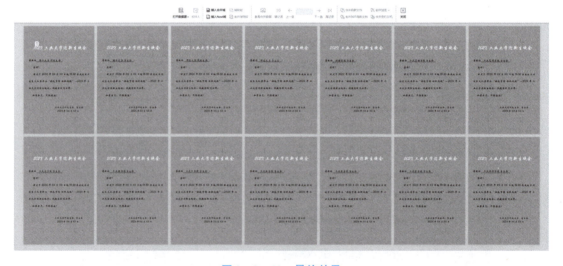

图 3-3-12 最终效果

4. 打印预览并保存文件。

单击工具栏左上角的"打印机"按钮，进行文件打印，如图 3-3-13 所示。

项目3 文字处理软件——WPS文档

图 3-3-13 打印文件

实训 3.4 长文档编排——编排毕业论文

实训目的

1. 掌握样式的新建和编辑。
2. 会使用大纲视图。
3. 掌握分页符的插入。
4. 掌握页眉页脚的设置。
5. 掌握目录的创建。
6. 会预览和打印文档。

实训内容

打开"毕业论文.wps"文档，完成如下操作：

1. 设置文档格式。

（1）修改"正文"样式：中文文本为"宋体"，西文文本为"Times New Roman"，字号为"小四号"，首行缩进"2 字符"，行距为"1.5 倍行距"。

（2）新建"一级标题"样式：新建一级标题，设置样式基准为"样式1"，字体格式为"黑体""小三号"，段落格式为"居中对齐"。

（3）新建"二级标题"样式：用同样的方法新建二级标题，样式基准为"样式2"，字体格式为"黑体""四号"，段落格式为"左对齐"。

（4）新建"三级标题"样式：用同样的方法新建三级标题，样式基准为"样式3"，字体格式为"宋体""小四号""加粗"，段落格式为"左对齐"。

2. 设置封面页格式。

将毕业论文中文题目文本格式设置为"华文新魏""28 号""居中对齐"；将毕业论文英文题目文本格式设置为"Times New Roman""四号""居中对齐"；"班级""学生姓名""学号""指导老师""职称""导师单位""论文提交日期"等文本格式设置为"黑体""三号"，微调使之美观。

3. 使用大纲视图。

利用大纲视图观察文档结构。

4. 设置页眉页脚。

（1）为文档创建页眉：设置中文文本为"宋体"，英文文本为"Times New Roman"，字号为"五号"，行距为"单倍行距"，对齐方式为"居中对齐"。

（2）添加页脚：在论文正文部分页面的页脚区域插入"数字"样式页码。

5. 创建目录。

插入"自定义目录",将目录文本设置为"宋体""四号""单倍行距"。

6. 预览文档。

利用"打印"命令预览整个文档。

文档最终效果如图3-4-1所示。

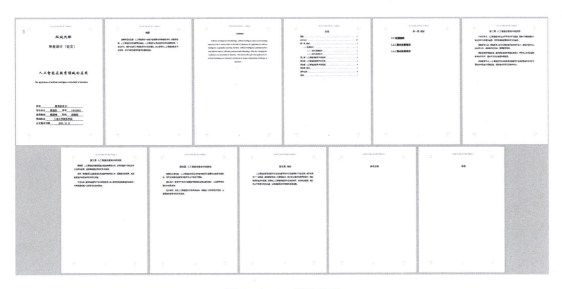

图3-4-1　最终效果

实训步骤

1. 设置文档格式。

(1) 修改"正文"样式:中文文本为"宋体",西文文本为"Times New Roman",字号为"小四号",首行缩进"2字符",行距为"1.5倍行距"。

在"开始"选项卡"样式"组中选择"正文"样式选项,右击"正文",在弹出的列表中选择"修改样式"选项。在弹出的"修改样式"对话框中,在"格式"一栏中,先修改"字体"为"宋体",字号为"小四号"。在"字体"下拉菜单中,将"中文"改为"西文"。修改"字体"为"Times New Roman",字号为"小四号"。操作过程如图3-4-2所示。

随后,单击"修改样式"对话框中的"格式"下拉菜单,选择"段落",在弹出的"段落"对话框中,在"缩进"一栏中,"首行缩进"选择2字符。在"间距"一栏中,"行距"选择"1.5倍行距"。完成后,单击"确定"按钮。操作过程如图3-4-3所示。

最后,返回"修改样式"对话框,单击"确定"按钮,完成"正文"样式的修改。

(2) 新建"一级标题"样式:新建一级标题,设置样式基准为"样式1",字体格式为"黑体""小三号",段落格式为"居中对齐"。

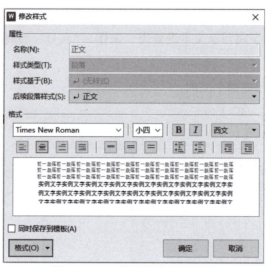

图3-4-2 修改正文字体样式

图3-4-3 修改段落设置

（3）新建"二级标题"样式：用同样的方法新建二级标题，样式基准为"样式2"，字体格式为"黑体""四号"，段落格式为"左对齐"。

（4）新建"三级标题"样式：用同样的方法新建三级标题，样式基准为"样式3"，字体格式为"宋体""小四号""加粗"，段落格式为"左对齐"。

在"开始"选项卡"样式"组"样式"下拉菜单中，选择"新建样式"，在弹出的"新建样式"对话框中，在"属性"一栏中，在"名称"编辑框中输入"样式1"，"样式基于"选择"标题1"，"后续段落样式"选择"正文文本"。在"格式"一栏中，修改"字体"为"黑体",字号为"小三号"。在"段落格式"组中选择"居中对齐"。最后,单击"确定"按钮。操作过程如图 3-4-4 所示。

图 3-4-4　新建样式 1

"二级标题"样式与"三级标题"样式参照"一级标题"的设置步骤进行操作。操作过程如图 3-4-5 和图 3-4-6 所示。设置好后,对论文按照"正文""一级标题""二级标题""三级标题"进行设置。

图 3-4-5　新建样式 2

2. 设置封面页格式。

将毕业论文中文题目文本格式设置为"华文新魏""28 号""居中对齐";将毕业论文英文题目文本格式设置为"Times New Roman""四号""居中对齐";"班级""学生姓名""学号""指导老师""职称""导师单位""论文提交日期"等文本格式设置为"黑体""三号",微调使之美观。

图 3-4-6　新建样式 3

封面效果如图 3-4-7 所示。

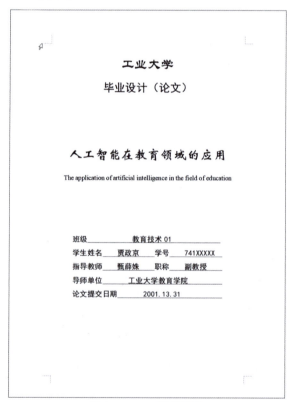

图 3-4-7　封面效果

3. 使用大纲视图。

利用大纲视图观察文档结构。

选择"视图"选项卡中的"大纲"选项，即可通过大纲视图观察文档结构，如图 3-4-8 所示。

图3-4-8　大纲视图

4. 设置页眉页脚。

（1）为文档创建页眉：设置中文文本为"宋体"，英文文本为"Times New Roman"，字号为"五号"，行距为"单倍行距"，对齐方式为"居中对齐"。

（2）添加页脚：在论文正文部分页面的页脚区域插入"数字"样式页码。

单击"插入"选项卡，选择"页眉页脚"选项，进入"页眉页脚"编辑界面，在页面的页眉处输入样图3-4-9所示的文字。

图3-4-9　设置页眉

要注意，此时的设置会让封面也会出现页眉，按照论文格式要求，封面是没有页眉的，此时勾选"页眉页脚"选项卡中的"首页不同"复选项即可，如图3-4-10所示。

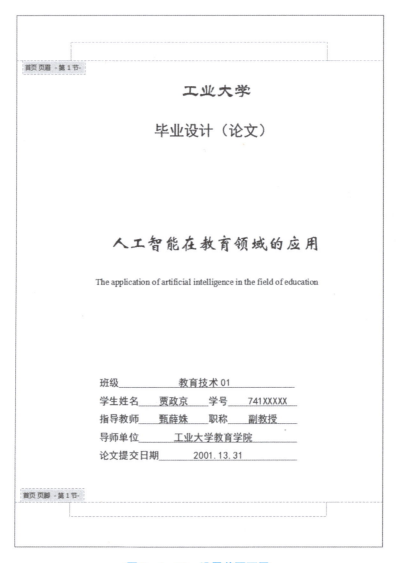

图3-4-10 设置首页不同

设置页脚的时候，也需要注意此问题。WPS提供了一个简便的方法：在插入页码处，单击"插入页码"选项，在弹出的菜单中选择应用范围，可以选择设置整篇文档页码，也可以设置本页及之后的页码，因此，要设置封面没有页码，可以在"摘要"页设置页码应用范围为"本页及之后"即可，如图3-4-11所示。

随后，按照上述办法设置好其他页面的页码，在页眉和页码设置完成后，单击"页眉页脚"选项卡中的"关闭"按钮，完成页眉、页码的设置，如图3-4-12所示。

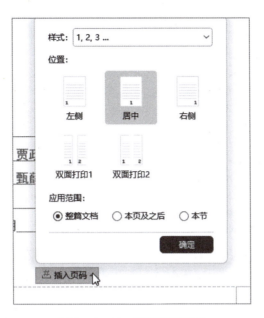

图 3-4-11 设置首页页码

图 3-4-12 完成页眉、页码设置

5. 创建目录。

插入"自定义目录",将目录文本设置为"宋体""四号""单倍行距"。

选择"引用"选项卡,在"目录"下拉菜单中选择"第三个"选项,即带有三级目录的选项,如图 3-4-13 所示。后续页码如有变更,只需要单击"更新目录"按钮,在弹出的页面中选择"更新整个目录"即可。

6. 预览文档。

利用"打印"命令预览整个文档。

工业大学 2001 届本科生毕业论文

目录

摘要 ………………………………………………………………… I
Abstract …………………………………………………………… II
第一章 综述 ……………………………………………………… 1
    1.1 发展现状 ………………………………………………… 1
        1.1.1 国外发展现状 …………………………………… 1
        1.1.2 国内发展现状 …………………………………… 1
第二章 人工智能在教育中的应用 ……………………………… 2
第三章 人工智能在教育中的优势 ……………………………… 3
第四章 人工智能在教育中的挑战 ……………………………… 4
第五章 结论 ……………………………………………………… 5
参考文献 …………………………………………………………… 6
致谢 ………………………………………………………………… 7

图 3-4-13　设置目录

项目 4

数据处理软件——WPS表格

实训 4.1 数据统计——制作装修预算表

实训目的

1. 掌握工作表的基本操作。
2. 掌握表格数据输入方法。
3. 掌握单元格格式设置的方法。
4. 掌握 WPS 工作表中公式的输入和常用函数的使用方法。

实验内容

打开"装修预算表.xlxs",完成如下操作:

1. 在"Sheet1"工作表中完成以下表格设置和数据填充。

(1) 工作表格式设置:将工作表 Sheet1 重命名为"装修预算表";将 A1:H1 合并单元格并居中,字体设置为黑体、字体大小为 16,行高设置为 35 磅,将 B、C 列设置最合适的列宽,并冻结首行。

(2) 单元格数据录入及格式设置:在第 20 行后插入一行,数据内容如下:装修类型为"厨房"、工程名称为"油烟机"、单位为"台"、数量为"1"、材料为"2500"、人工为"50",并将 E3:E33、F3:F33、G3:G33 三列对应的格式设置为数字格式,不保留小数点。

(3) 在装修预算工作表中,计算 H3:H33 总计列(总计=数量×(材料+人工)),并设置单元格格式为人民币货币,保留两位小数;用 ROW 函数更新单元格区域 A3:A33 中的序号。

(4) 使用条件格式计算出总计中花费最大和最小的工程名称,将符合条件的单元格设置为"红色"。

2. 在"装修类型费用统计"工作表中完成以下设置和公式计算。

(1) 新建"装修类型费用统计"工作表,并将该工作表标签颜色设置为红色。

(2) 单元格数据输入:在 A1 单元格中输入"各装修类型费用统计",在 A2 单元格中输入"类别",在 B2 单元格中输入"费用",在 C2 单元格中输入"费用评估";从"装修预算表"中获取 B3:B33 单元格区域中的装修类型,删除重复项,并将得到的不重复装修类型依次填入 A 列中。

(3) 给所有单元格设置边框,要求设置"所有边框";设置 A1:A3 单元格合并后居中;设置 B 列为最合适的列宽。

(4) 使用 SUMIF/SUMIFS 函数计算各个装修类型中的费用;使用 AVERAGEIF 函数计算各个装修类型的平均费用;使用 IF 嵌套函数对各个装修类型平均费用进行评估(平均费用<2 000 为"便宜",2 000≤平均费用<5 000 为"一般",平均费用≥5 000 为"贵")。

实验步骤

1. 工作表格式设置。

(1) 打开"装修预算.xlxs"工作簿,双击工作表标签"Sheet1",输入"装修预算表",按 Enter 键确认。

(2) 选中 A1:H1 单元格区域,单击"开始"选项卡中的"合并"下拉按钮,在下拉列表中选择"合并居中"选项,如图 4-1-1 所示。

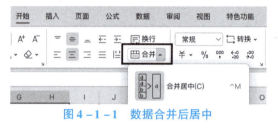

图 4-1-1 数据合并后居中

(3) 在"开始"选项卡"字体"组中设置字体为黑体,字号为"16"。选中第一行,单击"开始"选项卡中的"行和列"下拉按钮,如图 4-1-2 所示。单击行高,输入 35,单击"确认"按钮。选中 B 列后,按住 Shift 键,单击 C 列,即可实现连续多列选择,单击"行和列"下拉按钮,选中"最适合的列宽"进行设置,如图 4-1-3 所示。

图 4-1-2 设置行高

【拓展】按 Shift 键实现连续多列选择;按 Ctrl 键实现非连续多列选择。

(4) 单击"开始"选项卡→"冻结"下拉按钮,选择"冻结首行",即完成首行固定。

2. 数据录入。

(1) 选中第 20 行数据,右击,选中"在下方插入行",数值选用默认值"1",如图 4-1-4 所示。

图 4-1-3 设置列宽

图 4-1-4 在下方插入行

(2) 在新建行中依次输入数据，结果如图 4-1-5 所示。

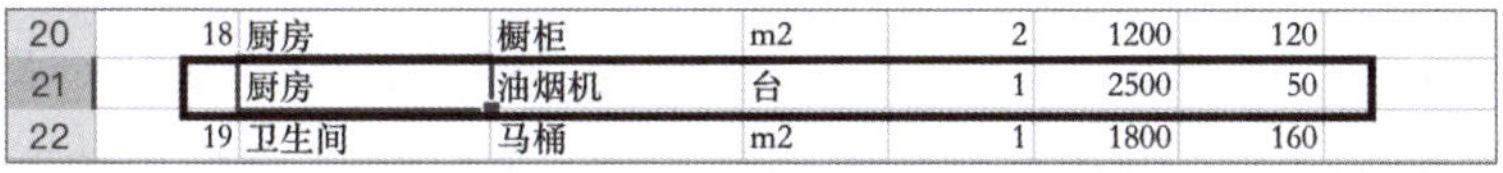

20	18	厨房	橱柜	m2	2	1200	120
21		厨房	油烟机	台	1	2500	50
22	19	卫生间	马桶	m2	1	1800	160

图 4-1-5 录入数据结果

(3) 选中 E、F、G 三列，在选中的列区域上右击，选择"设置单元格格式"。分类选择"数值"，小数位数输入"0"，单击"确定"按钮完成设置。设置页面如图 4-1-6 所示。

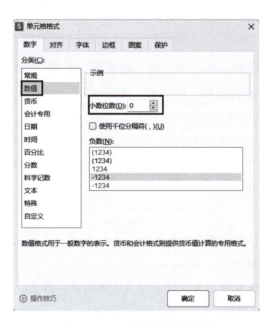

图 4-1-6 单元格格式设置

3. 公式计算。

(1) 在 H3 单元格中输入公式：= E3 * (F3 + G3)，使用填充柄完成公式填充。填充柄使用方法如下：选中 H3 单元格，在单元格右下角显示一个正方形方块，将鼠标移动上去后，会出现"+"图标，单击下拉至第 33 列，完成公式填充，如图 4-1-7 所示。

（2）选中 H3:H33 单元格区域，右击，选择"设置单元格格式"，分类选择"货币"，小数位数输入"2"。

【拓展】右击，选择"设置单元格格式"，或选中单元格，单击"开始"选项卡，单击如图 4-1-8 所示的箭头，即可进入单元格设置页面。

图 4-1-7　填充柄填充公式计算　　　　　图 4-1-8　单元格设置

（3）在 A3 行输入"=ROW()-2;"公式，按 Enter 键完成本行表格序号输入。

【拓展】

①ROW(reference) 函数中，reference 为选中单元格区域，非必填项。若不填写，则默认为当前单元格所在的行；若选中指定单元格区域，则返回选中单元格区域的第一行所在行。

②若表格标题行只有一行，用 ROW()-1 函数便可实现序号的生成与自动更新。

③采用函数填充序号的方法可以有效避免数据删除后对序号的影响，可以实现序号的自动填充。

4. 条件格式设置。

选中 H3:H33 单元格区域，单击"开始"选项卡，单击"条件格式"下拉按钮，选择"新建规则"，进入"新建格式规则"对话框，如图 4-1-9 所示。选择"使用公式确定要设置格式的单元格"，输入公式：

=OR(MAX($H$3:$H$33)=$H3,MIN($H$3:$H$33)=$H3)

单击"格式"按钮，进入"单元格格式"对话框，单击"图案"后，选择"红色"，单击"确定"按钮完成设置。

【拓展】

①$ 符号在公式中的使用方法：$ 用来锁定单元格的行号或列号，从而使公式在复制、移动等操作过程中不发生改变。

为计算总花费的最大值和最小值，计算区域需要固定，故在公式 MAX($H$3:$H$33) 中增加 $ 符号，同时锁定 H 列和行号。

②OR 函数的用法：OR(逻辑条件1,逻辑条件2,…)，任何一个逻辑值为"真"，即返回真；所有逻辑值为"假"，才返回"假"。每个逻辑条件必须为布尔值，即为"TRUE"或者"FALSE"。

图 4-1-9 "新建格式规则"对话框

③MAX 函数和 MIN 函数的用法：=MAX(数值1,数值2,…)；=MIN(数值1,数值2,…)，返回参数列表中的最大值，忽略文本值和逻辑值。

装修预算表最终操作结果如图 4-1-10 所示。

装修预算表

序号	装修类型	工程名称	单位	数量	材料	人工	总计
1	基础建设	贴地脚线	m	180	20	10	￥5,400.00
2	基础建设	铺地砖	m²	120	28	60	￥10,560.00
3	基础建设	开关插座	位	30	80	30	￥3,300.00
4	基础建设	线路铺设	m	80	80	20	￥8,000.00
5	基础建设	墙面	m²	600	20	10	￥18,000.00
6	基础建设	波打线铺贴	m	180	20	20	￥7,200.00
7	客餐厅及过道	鞋柜及造型	m	2	600	80	￥1,360.00
8	客餐厅及过道	电视墙柜	m²	8	600	220	￥6,560.00
9	客餐厅及过道	屏风	m²	2	480	20	￥1,000.00
10	客餐厅及过道	餐区酒水柜	m²	2	1200	230	￥2,860.00
11	客餐厅及过道	防潮处理	m²	4	100	80	￥720.00
12	客餐厅及过道	天花制作	m²	30	120	80	￥6,000.00
13	客餐厅及过道	天花饰面	m²	10	270	80	￥3,500.00
14	客餐厅及过道	阳台防水	m²	8	56	60	￥928.00
15	客餐厅及过道	入户花园绿化	m²	10	2300	300	￥26,000.00
16	客餐厅及过道	花园设施建设	m²	2	3000	200	￥6,400.00
17	厨房	推拉门及门套	m²	1	800	200	￥1,000.00
18	厨房	橱柜	m²	2	1200	120	￥2,640.00
19	厨房	油烟机	台	1	2500	50	￥2,550.00
20	卫生间	马桶	m²	1	1800	160	￥1,960.00
21	卫生间	浴室玻璃	m²	2	1000	200	￥2,400.00
22	主卧	门	个	1	900	100	￥1,000.00
23	主卧	床头墙	m2	4	300	60	￥1,440.00
24	主卧	定制衣柜	m²	2	1300	130	￥2,860.00
25	主卧	铝制天花	m²	25	150	80	￥5,750.00
26	儿童房	门	个	1	900	100	￥1,000.00
27	儿童房	定制衣柜	m²	2	800	130	￥1,860.00
28	儿童房	铝制天花	m²	20	150	80	￥4,600.00
29	书房	门	个	1	900	100	￥1,000.00
30	书房	定制书架	m	2	230	100	￥660.00
31	书房	电脑桌	张	1	1200	20	￥1,220.00

图 4-1-10 装修预算表最终操作结果

5. 删除重复项。

（1）在"装修预算表"工作表旁边，单击"＋"按钮新建工作表，如图 4－1－11 所示，双击修改工作表名称为"装修类型费用统计"；右击工作表标签区域，选择"工作表标签"→"标签颜色"，选择"红色"，操作过程如图 4－1－12 所示。

图 4－1－11　新建工作表

图 4－1－12　工作表标签颜色设置

（2）分别双击 A1、A2、B2、C3 单元格，分别输入"各装修类型费用统计""类别""费用"和"费用评估"。

（3）选中"装修预算表"中 B3:B33 单元格区域，从 A3 单元格开始复制选中内容；选中 A3:A33 单元格区域，单击"数据"选项卡中的"重复项"下拉按钮，单击"删除重复项"，如图 4－1－13 所示。进入"删除重复项"对话框，选择"扩展选定区域"，单击"删除重复项"，选择所有列，再次单击"删除重复项"，跳出操作结果界面，如图 4－1－14 所示，单击"确定"按钮完成重复数据删除。

图 4－1－13　删除重复项

（4）选中 A1:C9 单元格区域，单击"开始"选项卡中的"线框设置"下拉按钮，选择"所有线框"完成设置，操作页面如图 4－1－15 所示；选中 A1:A3 单元格区域，单击"开始"选项卡，单击"合并后居中"按钮。

项目 4　数据处理软件——WPS 表格

图 4−1−14　删除重复项结果

（5）设置"最合适列宽"时，除了可以通过"开始"菜单中的"行和列"组进行设置外，还可以通过以下方式设置：双击 A 列与 B 列列表中间的位置，如图 4−1−16 所示，即可设置列宽为最合适的列宽。

【拓展】

若表格列宽需固定，无法设置列宽且单元格内容不能完全显示，可通过单击"开始"选项卡中的"换行"按钮，即可实现单元格内容换行，显示全部内容，如图 4−1−17 所示。

（6）"类别"内容填充及线框设置结果如图 4−1−18 所示。

图 4−1−15　线框设置

图 4−1−16　列表设置最合适列宽

图 4−1−17　单元格内容换行

图 4−1−18　"类别"内容填充及线框设置结果

6. 常用函数计算。

（1）输入以下公式，计算各装修类型费用。

$$=\text{SUMIFS}(装修预算表!\$H\$3:\$H\$33,装修预算表!\$B\$3:\$B\$33,A3)$$

或

$$=\text{SUMIF}(装修预算表!B:B,A3,装修预算表!H:H)$$

【拓展】

①SUMIF 用法：SUMIF(区域，条件，求和区域)，其中，条件为用于判断条件的单元格区域。

②SUMIFS 用法：SUMIFS(求和区域，区域1，条件1；区域2，条件2；…)。与 SUMIF 的区别在于，SUMIFS 可以设置多个求和条件。

③若求和区域无指定区域的要求，可以直接选择某一列直接计算。如 SUMIF(装修预算表!B:B,A3,装修预算表!H:H)公式中，直接选择条件区域为 B 列、求和区域为 H 列。

（2）输入以下公式，对各装修类型的平均费用进行评估，结果如图 4-1-19 所示。

$$=\text{IF}(avgnumber<2000,"便宜",\text{IF}(avgnumber>=5000,"贵","一般"))$$

其中，avgnumber = B3/COUNTIF(装修预算表!B:B,A3) 或 avgnumber = AVERAGEIF(装修预算表!B:B,A3,装修预算表!H:H)。

各装修类型费用统计		
类别	费用	费用评估
基础建设	52460	贵
客餐厅及过道	55328	贵
厨房	6190	一般
卫生间	4360	一般
主卧	11050	一般
儿童房	7460	一般
书房	2880	便宜

图 4-1-19 各装修类型平均费用评估结果

【拓展】

①IF 用法：IF(逻辑条件，真值返回值，假值返回值)，判断逻辑条件是否满足，如果满足，则返回"真值返回值"；如果不满足，则返回"假值返回值"。

②COUNTIF 用法：COUNTIF(区域，条件)，区域为要计算其中非空单元格数目的区域。

③AVERAGEIF 用法：AVERAGEIF(区域，条件，求平均值区域)，用于计算指定区域内满足指定条件中所有单元格的算数平均值，区域为用于条件判断的单元格区域。

④IF 嵌套语句流程如图 4-1-20 所示。

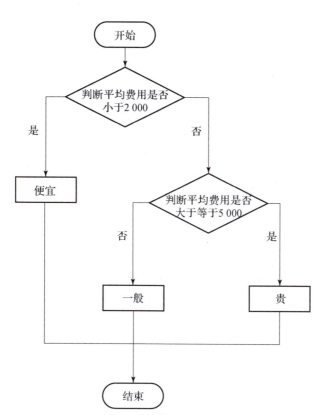

图 4－1－20　IF 嵌套语句流程

实训 4.2 数据分析和处理——制作工资分析表

实训目的

1. 掌握 WPS 表格中数据排序和高级筛选的基本方法。
2. 掌握和理解分类汇总与分级显示的基本方法。
3. 掌握合并计算的基本方法。
4. 掌握在 WPS 表格中创建和设置数据透视表的方法。
5. 掌握利用数据透视表拆分表格的方法。

实验内容

打开"工资表.xlsx",完成如下操作。

1. 在"员工酬金统计"工作表中完成以下计算。

(1) 员工总酬金每年增长 4%,计算各员工总酬金,保留两位小数。(备注:入职年限为 1 年的,员工工资不增长。)

(2) 在 G54 单元格中计算总酬金的平均值,保留两位小数,单元格填充"浅绿,着色 6";在 G55 单元格中计算总酬金,保留两位小数,字体加粗,单元格填充"红色"。

(3) 根据学历对员工总酬金进行降序排序,学历为升序排序,即,将学历作为主要关键字升序排序,将总酬金作为次要关键字降序排序。

(4) 通过高级筛选,筛选"管理部"工资大于 10 000 及科研部工资小于 9 000 的员工信息。

(5) 通过自定义筛选,筛选入职年限大于等于 5 年,学历为博士或硕士的员工信息。

2. 创建"分类汇总"工作表,并完成以下操作。

(1) 新建"分类汇总"工作表,将"员工酬金统计"工作表中 A1:G52 单元格区域中的数据复制到"分类汇总"工作表中;将"部门"列移至首列,A 列合并相同单元格。完成后,调整表格格式,合并 A1:G1 单元格,单元格内容居中显示。

(2) 分类汇总每个部门的总酬金。隐藏 B:F 列,设置仅显示汇总项,显示结果如图 4-2-1 所示。

凯恩科技有限公司	
部门	总酬金
管理部 汇总	53494.21
后勤部 汇总	47440.36
科研部 汇总	138430.99
人事部 汇总	15456.36
生产部 汇总	126399.29
销售部 汇总	72139.78
总计	453360.99

图 4-2-1 分类汇总显示结果

3. 在"员工酬金统计"工作表中建立数据透视表,统计各部门入职年限小于 3 年的人员数。

4. 根据数据透视表拆分表格,每个部门一个工作表。

5. 新建"子公司汇总"工作表,通过合并计算将"子公司 1 员工酬金"和"子公司 2 员工酬金"两个工作表的内容合并，设置 A1 单元格列标题为"部门"；对合并后的工作表调整适当的行高和列宽，单元格内容居中显示，所有单元格设置边框，所有计算结果保留 2 位小数。

实验步骤

1. 公式计算。

（1）在 G3 单元格中输入以下公式，按 Enter 键确认，使用填充柄填充 G4:G52 单元格区域，完成每个员工总酬金的计算。

$$= F3 * POWER(1 + 4\%, E3 - 1)$$

（2）选中 G3:G54 单元格区域，右击，选择"设置单元格格式"→"数字"→"数值"，小数位数设置为"2"，单击"确定"按钮。

（3）双击 G54 单元格，输入以下公式计算总酬金平均值，按 Enter 键确认。

$$= AVERAGE(G3:G52)$$

选中 G54 单元格，右击，选择"设置单元格格式"→"数字"→"数值"，小数位数设置为"2"，选择"图案"→"浅绿，着色6"，单击"确定"按钮，完成格式设置。

（4）双击 G55 单元格，输入以下公式计算总酬金，按 Enter 键确认。

$$= SUM(G3:G52)$$

选中 G54 单元格，单击"开始"选项卡中的"加粗"按钮，如图 4-2-2 所示。选中 G54 单元格，右击，选择"设置单元格格式"→"数字"→"数值"，小数位数设置为"2"，选择"图案"→"红色"，单击"确定"按钮，完成格式设置。

图 4-2-2 字体加粗

【拓展】

①POWER 函数用法：POWER（数字，指数），用于返回给定数字的乘幂。例如，2^{10} 用公式表示为 POWER(2,10)。

②SUM 函数用法：SUM（数字1，数字2，…），用于返回所选单元格区域中所有数值之和。

③AVERAGE 函数用法：AVERAGE（数字1，数字2，…），用于返回所选单元格区域中所有参数的算术平均值。

④除了双击单元格输入公式外，还可以使用 WPS 表格中提供的常用公式进行计算，如图 4-2-3 所示。例如，计算员工总筹集，可以选中 G3:G52 单元格区域，单击"开始"选项卡中的"求和"下拉按钮，选择"求和"，系统将默认计算结果展示在 G53 单元格。

2. 排序。

（1）选中 A3：G52 单元格区域，单击"开始"选项卡中的"排序"下拉按钮，选择"自定义排序"，进入"排序"对话框。

（2）单击"添加条件"按钮，主要关键字选择"列 C"，排序依据为"数值"，次序使用默认的"升序"；单击"添加条件"按钮，次要关键字选择"列 G"，排序依据为"数值"，次序选择"降序"；单击"确定"按钮，完成排序。设置页面如图 4－2－4 所示。

3. 高级筛选。

（1）在 J3 和 K3 单元格中依次输入筛选字段"部门""工资"，在 J4 和 K4 单元格中依次输入管理部对应的筛选条件"管理部"">10000"，在 J5 和 K5 单元格中依次输入科研部对应的筛选条件"科研部""<9000"，如图 4－2－5 所示。

图 4－2－3　常用函数下拉选项

图 4－2－4　排序设置页面

部门	工资
管理部	>10000
科研部	<9000

图 4－2－5　高级筛选条件

（2）选中 A2：G52 单元格区域，单击"开始"选项卡中的"筛选"下拉按钮，选择"高级筛选"，进入"高级筛选"对话框，如图 4－2－6 所示。列表区域使用默认选中区域，条件区域选中 J3：K5 单元格区域，单击"确定"按钮完成筛选。

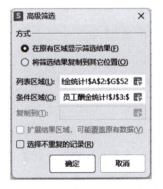

图 4－2－6　"高级筛选"对话框

4. 自定义筛选。

（1）选中第二行，单击"开始"选项卡中的"筛选"按钮，每个单元格出现"筛选"按钮，如图4-2-7所示。

图4-2-7 出现"筛选"按钮

（2）单击入职年限右侧的"筛选"按钮→"数字筛选"（图4-2-8），单击"大于或等于"选项，进入"自定义自动筛选方式"对话框（图4-2-9），在输入框中输入"5"，单击"确定"按钮。

图4-2-8 数字筛选

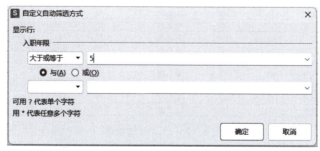

图4-2-9 "自定义自动筛选"对话框

（3）单击学历右侧的"筛选"→"文本筛选"（图4-2-10）→"等于"按钮，进入"自定义自动筛选方式"对话框（图4-2-11），在第一行下拉框中选择"等于"，在文本框中输入"硕士"，选择"或"单选按钮，在第二行下拉框选择"等于"，在文本框输入

"博士",单击"确定"按钮,筛选结果如图 4-2-12 所示。

图 4-2-10　文本筛选

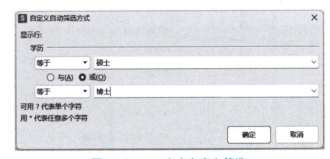

图 4-2-11　文本自定义筛选

凯恩科技有限公司						
姓名	性别	学历	部门	入职年限	工资	总酬金
李振宸	男	博士	管理部	6	12800	15573.16
姚敏园	男	博士	管理部	5	12800	14974.19
游雷	男	博士	科研部	5	12400	14506.25
董玫	女	硕士	科研部	7	9800	12400.13
杨继凡	男	硕士	管理部	6	9800	11923.20
赵薇饶	男	硕士	科研部	6	9800	11923.20
凌依舜	男	硕士	科研部	6	9800	11923.20
金励伟	男	硕士	销售部	7	9200	11640.93
李俊生	女	硕士	生产部	5	9400	10996.67

图 4-2-12　筛选结果

【拓展】

①如果筛选字段的类型较少,可直接通过复选框勾选。如筛选学历为"博士"和"硕士"的人员信息,在筛选下拉复选框中选中"博士"和"硕士"即可,如图 4-2-13 所示。

图 4-2-13　通过复选框选择指定条件

②在"自定义自动筛选方式"对话框中,可以通过单击"与"和"或"来实现不同逻辑的筛选,例如:A"与"B,需同时满足 A 和 B;A"或"B,只需满足一个条件便可被筛选。

③表格处于数据筛选字段状态下,被筛选单元格右侧由"下拉框"标识更新为"筛选框"标识。若想取消表格所有筛选,单击"开始"选项卡中的"筛选"按钮实现取消筛选。

5. 分类汇总。

(1) 选中"员工酬金统计"工作表,右击,选择"插入工作表"。插入数目输入"1"(图 4-2-14),单击"确定"按钮,完成新建 Sheet2 工作表。双击"Sheet2"工作表标签,修改工作表名称为"分类汇总"。

图 4-2-14　插入工作表

(2) 选中"员工酬金统计"工作表 A1:G52 单元格区域,右击选中区域,选择"复制";选中"分类汇总"工作表,右击 A1 单元格,选择"粘贴为数值",完成数据粘贴,如图 4-2-15 所示。

（3）选中 D 列，按 Ctrl + C 组合键，选中 A 列，右击选中区域，选择"插入复制单元格"，如图 4 - 2 - 16 所示。删除 E 列，并重新合并 A1:G1 单元格区域，表格内容居中显示。

图 4 - 2 - 15　粘贴为数值操作

图 4 - 2 - 16　插入复制单元格操作

（4）为完成 A 列数据合并，需对 A 列进行排序，选中 A3:A52 单元格区域，单击"开始"→"排序"，选择"扩展选定区域"，单击"排序"按钮完成排序。单击"开始"→"合并"下拉按钮，选择"合并相同单元格"，完成 A 列相同单元格数据合并。

（5）单击"数据"→"分类汇总"按钮，如图 4 - 2 - 17 所示。进入"分类汇总"对话框，汇总方式选择"求和"，选定汇总项选择"列 G"，单击"确定"按钮，如图 4 - 2 - 18 所示，完成表格数据分类汇总计算。选中 B:F 列，右击，选择"隐藏"。

图 4 - 2 - 17　分类汇总

（6）在"分类汇总"工作表中，左上角显示工作表汇总层级，通过单击实现数据的隐藏和显示。按照要求，单击"2"实现仅显示部门汇总数据，选中第 1 行和第 3 行，右击，单击"取消隐藏"，显示数据标题。选中第 3 行，右击，选择"隐藏"。通过以上操作，实现实验要求结果，如图 4 - 2 - 19 所示。

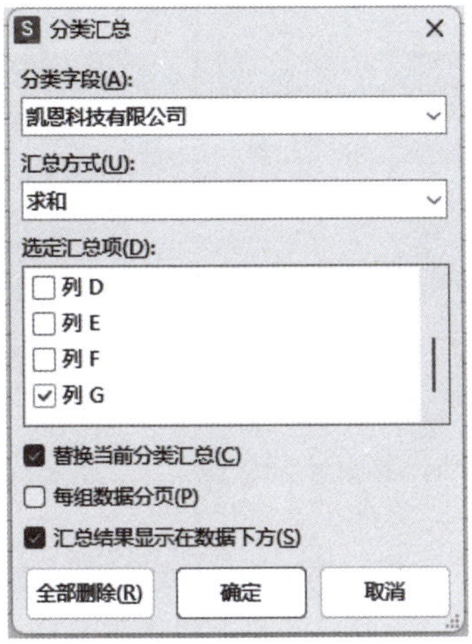

图 4－2－18　分类汇总设置

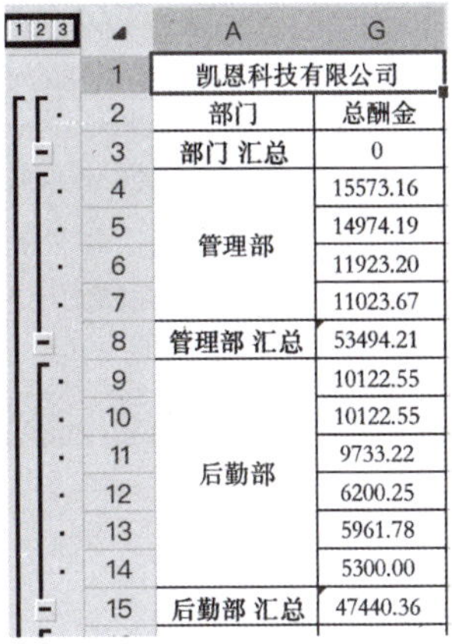

	A	G
1	凯恩科技有限公司	
2	部门	总酬金
3	部门 汇总	0
4	管理部	15573.16
5		14974.19
6		11923.20
7		11023.67
8	管理部 汇总	53494.21
9	后勤部	10122.55
10		10122.55
11		9733.22
12		6200.25
13		5961.78
14		5300.00
15	后勤部 汇总	47440.36

图 4－2－19　分类汇总结果

6. 数据透视表。

在“员工酬金统计”工作表中建立如图 4－2－20 所示的数据透视表，统计各部门人员数。

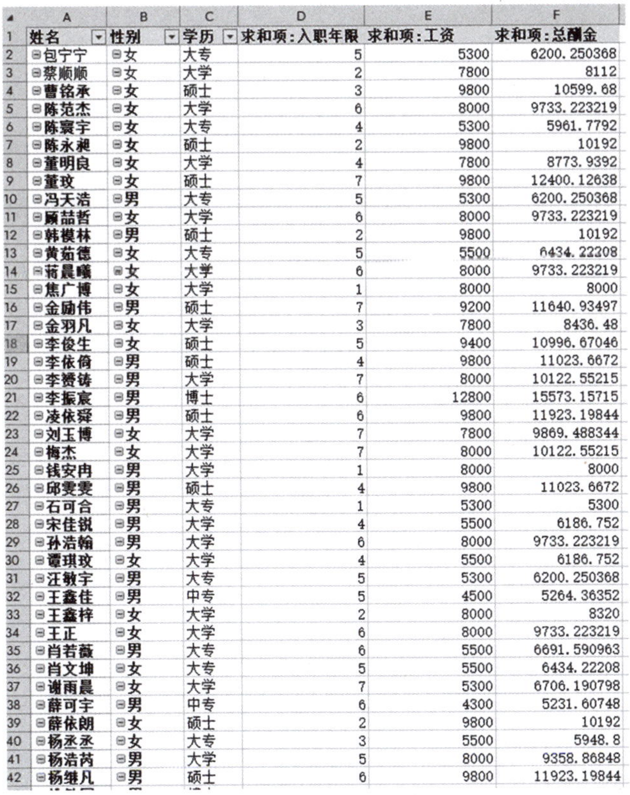

	A	B	C	D	E	F
1	姓名	性别	学历	求和项:入职年限	求和项:工资	求和项:总酬金
2	⊟包宁宁	⊟女	大专	5	5300	6200.250368
3	⊟蔡顺顺	⊟女	大学	2	7800	8112
4	⊟曹铭承	⊟女	硕士	3	9800	10599.68
5	⊟陈范杰	⊟女	大学	6	8000	9733.223219
6	⊟陈寰宇	⊟女	大专	4	5300	5961.7792
7	⊟陈永昶	⊟女	硕士	2	9800	10192
8	⊟董明良	⊟女	大学	4	7800	8773.9392
9	⊟董玫	⊟女	硕士	7	9800	12400.12638
10	⊟冯天浩	⊟男	大专	5	5300	6200.250368
11	⊟顾喆哲	⊟女	大学	6	8000	9733.223219
12	⊟韩模林	⊟男	硕士	2	9800	10192
13	⊟黄茹德	⊟女	大专	5	5500	6434.22208
14	⊟蒋晨曦	⊟女	大学	6	8000	9733.223219
15	⊟焦广博	⊟女	大学	1	8000	8000
16	⊟金励伟	⊟男	硕士	7	9200	11640.93497
17	⊟金羽凡	⊟女	大学	3	7800	8436.48
18	⊟李俊生	⊟女	硕士	5	9400	10996.67046
19	⊟李依倚	⊟男	硕士	4	9800	11023.6672
20	⊟李赟铸	⊟男	大学	7	8000	10122.55215
21	⊟李振宸	⊟男	博士	6	12800	15573.15715
22	⊟凌依舜	⊟男	硕士	6	9800	11923.19844
23	⊟刘玉博	⊟女	大学	7	7800	9869.488344
24	⊟梅杰	⊟女	大学	7	8000	10122.55215
25	⊟钱安冉	⊟男	大学	1	8000	8000
26	⊟邱雯雯	⊟男	硕士	4	9800	11023.6672
27	⊟石可合	⊟男	大专	1	5300	5300
28	⊟宋佳锐	⊟男	大学	4	5500	6186.752
29	⊟孙浩翰	⊟男	大学	6	8000	9733.223219
30	⊟谭琪玫	⊟女	大学	4	5500	6186.752
31	⊟汪敏宇	⊟男	大专	5	5300	6200.250368
32	⊟王鑫佳	⊟男	中专	5	4500	5264.36352
33	⊟王鑫梓	⊟女	大学	2	8000	8320
34	⊟王正	⊟女	大学	6	8000	9733.223219
35	⊟肖若薇	⊟男	大专	6	5500	6691.590963
36	⊟肖文坤	⊟女	大专	5	5500	6434.22208
37	⊟谢雨晨	⊟女	大学	7	5300	6706.190798
38	⊟薛可宇	⊟男	中专	6	4300	5231.60748
39	⊟薛依朗	⊟女	硕士	2	9800	10192
40	⊟杨丞丞	⊟女	大专	3	5500	5948.8
41	⊟杨浩芮	⊟男	大学	5	8000	9358.86848
42	⊟杨继凡	⊟男	硕士	6	9800	11923.19844

图 4－2－20

（1）选中 A2:G52 列，单击“数据”→“数据透视表”，数据为当前选中区域，“请选择放置数据透视表的位置”为“新工作表”，单击“确定”按钮，如图 4－2－21 所示。

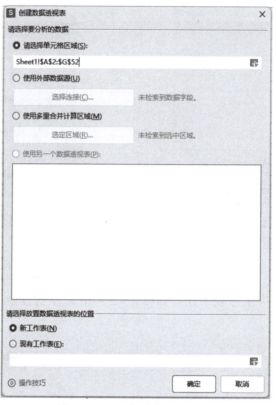

图 4－2－21　创建数据透视表

（2）双击新建工作表"Sheet3"，重命名为"数据透视表"。单击数据透视表导航区域，进入数据透视表设置界面，如图 4－2－22 所示。

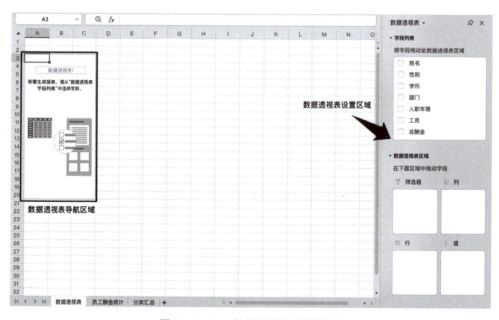

图 4－2－22　数据透视表设置界面

(3) 在"数据透视表"对话框中,选择"姓名""部门""入职年限"三个字段,并依次拖动至"值""行"和"筛选器"区域,如图 4 – 2 – 23 所示。单击"入职年限"框,选择"1""2""3"复选框完成筛选,如图 4 – 2 – 24 所示。数据透视表结果如图 4 – 2 – 25 所示。

图 4 – 2 – 23　设置数据透视表

图 4 – 2 – 24　入职年限筛选

7. 拆分工作表。

(1) 在"数据透视表"工作表中,删除"入职年限"筛选条件,将拆分条件"部门"字段拖入筛选框。将"姓名""性别"和"学历"拖入行区域;将"入职年限""工资"和"总酬金"拖入值区域,单击各数据标签,选择"值字段设置",进入"值字段设置"对话框,值字段汇总方式选择"求和",单击"确定"按钮完成设置,如图 4 – 2 – 26 所示。

图 4 – 2 – 25　数据透视表结果

(2) 单击"设计"→"报表布局",选择"以表格形式显示"。

(3) 拆分表格:单击"分析"→"选项"下拉按钮,选择"显示报表筛选页",弹出如图 4 – 2 – 27 所示对话框。选择"部门",单击"确定"按钮(图 4 – 2 – 28),完成工作表拆分。拆分结果如图 4 – 2 – 29 所示。

图4-2-26 值字段设置

图4-2-27 显示报表筛选页

图4-2-28 选择报表筛选页

8. 合并计算。

（1）右击"子公司2员工酬金"工作表，选择"插入工作表"→"在当前工作表之后插入"，单击"确定"按钮完成新建。双击新建工作表，修改工作表名称为"子公司汇总"。

（2）在"子公司汇总"工作表中选中A1单元格，单击"数据"→"合并计算"，弹出"合并计算"对话框，函数选择"求和"，单击引用位置输入框，进入"子公司1员工酬金"工作表，选中A2:B7单元格区域后，单击"添加"按钮。进入"子公司2员工酬金"工作表，选中A2:B7单元格区域后，单击"添加"按钮。标签位置选中"首行"和"最左列"，单击"确定"按钮完成计算。设置详情如图4-2-30所示。

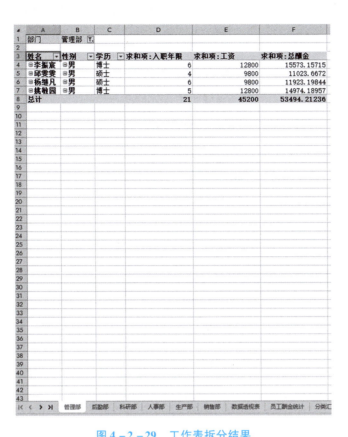

图4-2-29 工作表拆分结果

图4-2-30 "合并计算"对话框

（3）双击A1单元格，输入"部门"，完成列标题设置；选中A1:B7单元格区域，单击"开始"选项卡中的"边框"下拉按钮，选择"所有边框"，单击"居中"按钮完成格式设置。选中 B2:B7 单元格区域，右击，选择"设置单元格格式"，选择"数字"，单击"数值"，设置小数位数为 2 位，单击"确定"按钮完成单元格数字格式设置。合并计算结果如图 4-2-31 所示。

部门	总酬金
管理部 汇总	71588.42472
后勤部 汇总	26940.35708
科研部 汇总	214861.9702
生产部 汇总	233398.5706
销售部 汇总	87479.56883
人事部 汇总	16587.26

图 4-2-31　合并计算结果

实训 4.3 数据图表——制作成绩分析表

实训目的

1. 巩固单元格格式设置方法。
2. 学会套用表格样式及格式清除。
3. 掌握创建图表的方法。
4. 掌握修改图表格式的方法。
5. 掌握添加参考线的方法。

实验内容

打开"班级课程成绩表.xlxs",完成以下操作。

1. 在"班级课程成绩"工作表中完成以下计算并创建图表。

（1）将 A1:J1 单元格区域合并成一个单元格，文字居中对齐，设置字体为"黑体"，字体设置为"14"号；利用填充柄将学号列填充完整；利用 AVERAGE 函数计算每个学生的平均值。

（2）在工作表中对数据进行表格样式设置，选择"表样式 3"；将单元格内容水平居中。

（3）利用数据有效性，认为小于 50 的平均成绩为异常数据，圈出平均成绩小于"50"的数据，若输入数据有误，弹出警告"数据小于 50，请检查数据是否有误。"，警告标题为"数据有误"。

（4）利用"学号"和"平均成绩"创建面积图，横坐标为"学号"，图表标题为"班级平均成绩分析表"。设置散点图的线条样式为系统点线、线条宽度为 2.25 磅、线条类型为单线，颜色为"巧克力黄，着色 2"。将图表移动到当前工作表的 A42:K60 单元格区域内。

2. 在"班级课程学分"工作表中完成以下计算并创建图表。

（1）从"班级课程成绩"工作表中复制"学号"列到"班级课程学分"工作表中的"学号"列中；利用 VLOOKUP 函数和 IF 函数计算每个学生每门课程"学分"列的内容，每门课程的学分详见"课程对应学分"工作表，若成绩低于 60 分，则该门课程学分为 0。

（2）利用 SUM 函数计算"总学分"列；利用 IF 函数计算"学期评价"列的内容，条件是学分 <14 分为不合格，学分 ≥14 且 <20 分为良好，学分 ≥20 分为优秀。

（3）在 L1 单元格中输入"合格率"，合并 L1:L2 单元格区域并居中。在 L 列计算学生合格率（合格率＝合格课程数/总课程数）。新建学生课程评价组合图，横坐标为学号，主纵坐标为学分，图表样式为柱状图，次纵坐标为合格率，图表样式为折线图；图表名称为

"学生成绩分析",图例设置在图表的上部。

(4) 在面积图中找到平均成绩最高的点进行标注,最高点以红色的菱形显示出来,大小设置为8。

(5) 新建"平时成绩"工作表,利用 RANDBETWEEN 函数生成 50~100 的随机数。

实验步骤

1. 套用格式样式。

(1) 在"班级课程成绩"工作表中,选中 A1:J1 单元格区域,单击"开始"选项卡中的"合并及居中"按钮;单击"字体设置组"下拉按钮,选择"黑体",字体大小为"14"号。选中 A3:A4 单元格区域,利用填充柄完成序号填充。

(2) 双击 J3 单元格,输入以下公式,按 Enter 键,利用填充柄填充 J4:J40 单元格区域,完成学生成绩平均值计算。

$$= AVERAGE(C3:I3)$$

(3) 选中 A2:J40 单元格区域,单击"开始"选项卡中的"套用表格样式"下拉按钮,选择"样式3"完成设置。操作过程如图 4-3-1 所示。

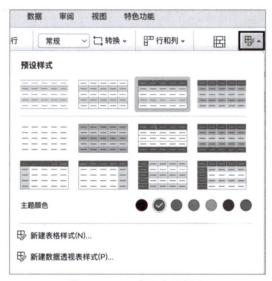

图 4-3-1 套用表格样式

【拓展】

①AVERAGE 函数用法:AVERAGE(数字1,数字2,…),用于返回所有参数的算术平均值。

②填充柄最基本的操作为顺序填充和复制填充。选择填充方式如下:选中指定单元格,拖曳单元格右下角的"+"按钮至所需单元格,选择填充方式,具体如图 4-3-2 所示。填充方式包括:复制单元格、以序列方式填充、仅填充格式、不带格式填充和智能填充。

图 4-3-2 填充柄填充方式

填充柄可以实现有规律的填充，如序号、日期、星期等。若需 WPS 表格识别规律，则至少需要在两个单元格内输入内容，由系统识别；若系统无法识别，可以在系统设置里选择"文件"，单击"选项"按钮，在弹出的对话框中选择"自定义序列"，在该设置页面中编辑指定序列，具体如图 4-3-3 所示。

图 4-3-3 自定义序列

③清除格式。选中要清除格式的单元格区域，单击"开始"选项卡中的"清除"下拉按钮，如图 4-3-4 所示。选择"全部"，则清空所选区域的全部内容，包括格式和内容；选择"格式"，则只清除所选单元格格式；选择"内容"，则只清除所选单元格内容。

2. 设置数据有效性。

单击"数据"选项卡中的"有效性"下拉按钮，单击"有效性"，进入"数据有效性"设置对话框。选择"设置"选项卡，有效性条件允许的数据类型选择"小数"，数据条件选择"介于"，最小值输入

图 4-3-4 "清除"下拉列表

"50",最大值输入"100",单击"确定"按钮完成设置,如图 4-3-5(a)所示;选择"出错警告"选项卡,样式选择"警告",标题输入"数据有误",错误信息输入"数据小于 50,请检查数据是否有误。",在单元格中输入小于 50 的数字,按 Enter 键,系统弹出警告,如图 4-3-6 所示。

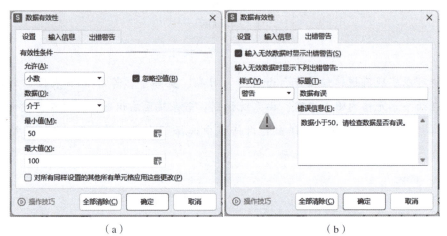

图 4-3-5 数据有效性设置

图 4-3-6 数据有误警告提示

【拓展】

数据错误处理:当单元格的左上角出现绿色三角形时,如图 4-3-7 所示,表示数据格式有误,有可能会影响数值计算。

针对数据错误的处理,方法如图 4-3-8 所示。单击单元格,单击左侧弹出的橙色按钮 ❶,选择"忽略错误",设置单元格为正常单元格;或选择"错误检查选项",人工判断处理方式。

图 4-3-7 数据错误提示

图 4-3-8 数据错误处理方法

3. 创建图表。

（1）选择 B 列和 J 列单元格数据，单击"插入"选项卡中的"全部图表"下拉按钮，选择"全部图表"，进入"插入图表"对话框。单击"面积图"，选择"基础"面积图，单击"插入"按钮生成图表。设置页面如图 4-3-9 所示。

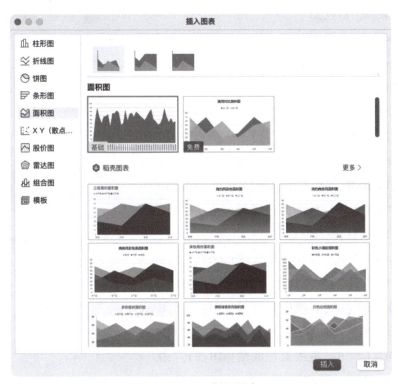

图 4-3-9　插入图表

（2）单击已生成的图表，右侧包含四个功能按钮，从上到下依次为"图表元素""图表样式""图表筛选器"和"设置图表区域格式"。单击"图表元素"，勾选"坐标轴""轴标题""图表标题"和"网格线"，双击空白标题，修改为"班级平均成绩分析表"，双击横、纵轴标题，依次修改为"学号"和"平均成绩"。创建图表结果如图 4-3-10 所示。

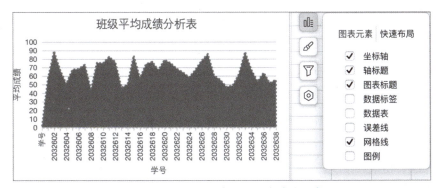

图 4-3-10　创建班级平均成绩分析表

(3) 单击"班级平均成绩分析表",单击图表区域后,双击"面积图"区域,弹出"属性"对话框,如图4-3-11所示。在"线条"设置区域中,设置线条样式为系统点线、线条宽度为 2.25 磅、线条类型为实线,颜色选择"巧克力黄,着色 2"。

4. VLOOKUP 函数的使用。

(1) 在 C3:I3 单元格区域中,分别输入以下公式计算各学生各门成绩的学分。

=IF(VLOOKUP(B3,班级课程成绩!$B:$J,2,0)<60,0,VLOOKUP($C$1,课程对应学分!$A:$B,2,0))

=IF(VLOOKUP(B3,班级课程成绩!$B:$J,3,0)<60,0,VLOOKUP($D$1,课程对应学分!$A:$B,2,0))

=IF(VLOOKUP(B3,班级课程成绩!$B:$J,4,0)<60,0,VLOOKUP($E$1,课程对应学分!$A:$B,2,0))

=IF(VLOOKUP(B3,班级课程成绩!$B:$J,5,0)<60,0,VLOOKUP($F$1,课程对应学分!$A:$B,2,0))

=IF(VLOOKUP(B3,班级课程成绩!$B:$J,6,0)<60,0,VLOOKUP($G$1,课程对应学分!$A:$B,2,0))

=IF(VLOOKUP(B3,班级课程成绩!$B:$J,7,0)<60,0,VLOOKUP($H$1,课程对应学分!$A:$B,2,0))

=IF(VLOOKUP(B3,班级课程成绩!$B:$J,8,0)<60,0,VLOOKUP($I$1,课程对应学分!$A:$B,2,0))

图 4-3-11 "属性"对话框

(2) 在 J3 单元格中输入以下公式计算每个学生的总学分:

=SUM(C3:I3)

(3) 在 K3 单元格中输入以下公式对学期评价进行计算:

=IF(J3<14,"不合格",IF(J3>=20,"优秀","良好"))

【拓展】

VLOOKUP 函数用法:VLOOKUP(查找值,数据表,序列数,匹配条件)。查找值为目标匹配值;数据表为待匹配区域;序列数为匹配数据在匹配区域的第几列;匹配条件为布尔值,可用 0 和 1 或 FALSE 和 TRUE 来表示,其中,0/FALSE 表示精确匹配,1/TRUE 表示近似匹配。

5. 创建组合图表。

(1) 双击 L1 单元格,输入"合格率";选择 L1:L2 单元格区域,单击"开始"选项卡中的"合并及居中"按钮；双击 L3 单元格，输入以下公式，按 Enter 键完成计算；同时，通过填充柄完成 L4:L40 单元格公式填充。

$$=COUNTIF(C3:I3,">0")/COUNT(C3:I3)$$

（2）选中 B 列、J 列和 L 列，单击"插入"选项卡中的"全部图表"下拉按钮，选择"全部图表"，进入"插入图表"对话框。选择"组合图"，总学分系列名的图表类型设置为"簇状柱形图"，合格率系列名的图表类型设置为"折线图"，并选择为"次坐标轴"，单击"插入"按钮插入图表，如图 4-3-12 所示。

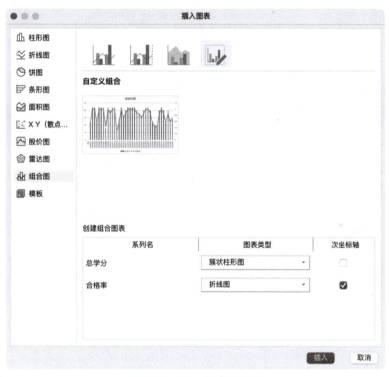

图 4-3-12　组合图设置

（3）选中已新建的组合图表，单击"图表元素"，选中"坐标轴""轴标题""图表标题""网格线"和"图例"，如图 4-3-13 所示。分别双击各个轴标题，将横坐标轴修改为"学号"、纵坐标轴修改为"总学分"、次纵坐标轴修改为"合格率"。将光标放置在每个设置项上时，其右侧会显示"▶"按钮，单击可进一步设置。单击图例右侧的"▶"按钮，选择"上部"，完成图例位置设置。学生成绩分析表设置结果如图 4-3-14 所示。

图 4-3-13　图表元素设置

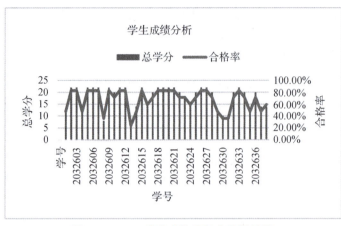

图 4-3-14　学生成绩分析表设置结果

实训 4.4 数据安全和打印——制作税费详情表

实训目的

1. 掌握页面排版的方法。
2. 掌握 SUBTOTAL 函数和 COUNTIF 函数的用法。
3. 掌握多页打印中固定指定顶端标题行的方法。
4. 掌握工作簿和工作表数据安全、保护和隐藏设置。

实验内容

打开"税费表.xlxs",完成以下操作。

1. 在"基础数据"工作表中,完成以下页面设置及计算。

(1) 设置页边距的居中方式为"水平",上页边距为"5 厘米",下页边距为"5 厘米",居中方式为"水平";页面纸张方向为"横向";页面缩放比例为"80%"。

(2) 工作表字体大小设置为 14 号,单元格内容居中显示;A:G 列设置为"最合适的列宽",E 列单元格格式设置为"文本"格式;锁定标题和表头,使其始终位于屏幕的可视区域中。

(3) 使用 SUBTOTAL 函数计算 G2:G30 单元格区域的最大值,在 G32 单元格内进行计算,要求数据隐藏时不影响最大值的计算结果。

(4) 在"基础数据"工作表中,设置打印区域为 A1:G28,打印方向选择"横向",纸张尺寸为"A4",起始页码为"自动";设置每页打印表都有对应的列标题;单击"打印预览"查看页面预览效果。

2. 在"上月数据"工作表中完成以下数据安全、保护和隐藏设置。

(1) 隐藏"基础数据"工作表;隐藏"上月数据"工作表中的"出口年月"列。

(2) 针对"上月数据"工作表设置"工作表保护",密码为"123456",所有用户对工作表的权限设置为"选定锁定单元格、选定未锁定单元格和设置单元格格式"。

实验步骤

1. 页面设置。

(1) 单击"页面"选项卡中的"页边距"下拉按钮,选择"自定义页边距",进入"页面设置"对话框。单击"页边距"选项卡,在上页边距输入框中输入"5",在下页边距输入框中输入"5",居中方式选择"水平",如图 4-4-1 所示。单击"页面"选项卡,纸张方向选择"横向",缩放比例输入"80",如图 4-4-2 所示。完成以上设置后,单击"确定"按钮,完成工作表的页面设置。

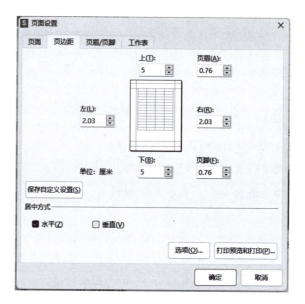

图 4-4-1　页边距设置

图 4-4-2　页面设置

（2）选中 A1:G30 单元格区域，单击"开始"选项卡中的"字体"下拉按钮，选择 14 号字体，单击"水平居中"按钮，设置单元格内容全部居中，单击"行和列"下拉按钮，选择"最合适的列宽"；选中 E2:E30 单元格区域，右击，选择"设置单元格格式"，进入设置对话框，选择"文本"选项，单击"确定"按钮完成设置。

（3）选中 A:B 列，单击"视图"选项卡中的"冻结窗格"下拉按钮，选择"冻结至第 2 行"，完成设置，如图 4-4-3 所示。

除了通过"视图"选项卡设置外，还可以通过单击"开始"选项卡中的"冻结"下拉按钮进行设置，如图 4-4-4 所示。

图 4-4-3 冻结窗格设置 1

图 4-4-4 冻结窗格设置 2

2. SUBTOTAL 函数。

双击 G32 单元格，输入以下公式，按 Enter 键完成计算：

=SUBTOTAL(4,G2:G30)

【拓展】

①SUBTOTAL 函数的用法：SUBTOTAL(函数序号，引用区域1，引用区域2，…)。

②函数序号表见表 4-4-1。序号包含两大类：一类是不论某一行或某些行是否隐藏，均对指定单元格区域进行汇总计算；另一类是忽略被隐藏的某一行或某些行，仅对显示在工作表中的单元格区域进行汇总计算。

表 4-4-1 函数序号表

序号（包含隐藏值）	序号（忽略隐藏值）	函数	函数功能
1	101	AVERAGE	求平均值
2	102	COUNT	计算指定条件下的数量
3	103	COUNTA	计算指定列表中非空的单元格个数
4	104	MAX	计算指定区域最大值
5	105	MIN	计算指定区域最小值
6	106	PRODUCT	计算乘积
7	107	STDEV	计算基于给定样本的标准偏差
8	108	STDEVP	计算基于给定的样本总体的标准偏差
9	109	SUM	求和
10	110	VAR	计算方差

3. 打印设置。

（1）在"基础数据"工作表中，选择 A1:G28 单元格区域，单击"页面"选项卡中的

"打印区域"下拉按钮,选择"设置打印区域",通过以上操作完成打印区域设置。

(2)选中 A1:G28 单元格区域,单击"页面"选项卡中的"打印标题"按钮,进入"页面设置"对话框,如图 4-4-5 所示。打印区域为已选择的 A1:G28 单元格区域,顶端标题行输入 A1:G1 单元格区域,如图 4-4-6 所示,单击"确定"按钮完成打印设置。

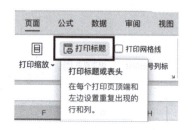

图 4-4-5 打印标题设置

图 4-4-6 多页打印标题设置

(3)单击"页面"选项卡中的"打印预览"按钮,进入打印预览页面。纸张信息选择"A4",纸张方向选择"横向",单击"打印"按钮完成打印,单击"关闭预览"按钮退出预览,如图 4-4-7 所示。

4. 数据安全、保护和隐藏。

(1)右击"基础数据"工作表,选择"隐藏",完成"基础数据"工作表的隐藏。

(2)在"上月数据"工作表中,选中"出口年月"列,右击,选择"隐藏",完成工作表中指定列的隐藏。

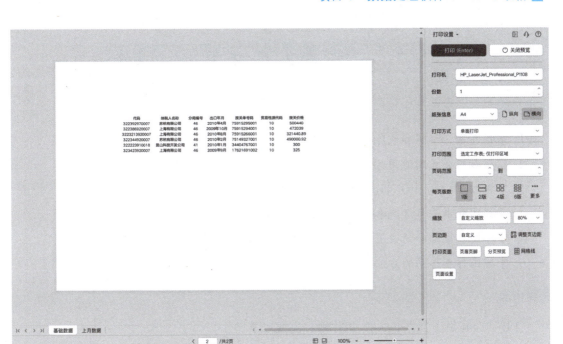

图 4-4-7 打印预览页面

（3）右击"上月数据"工作表标签，选择"保护工作表"，进入"保护工作表"对话框，如图 4-4-8 所示。密码输入"123456"，允许此工作表的所有用户进行的操作选择"选定锁定单元格""选定未锁定单元格"和"设置单元格格式"，单击"确定"按钮，弹出对话框，再次输入密码完成设置。

图 4-4-8 "保护工作表"对话框

实训 4.5 综合练习——制作员工详情表

实训目的

1. 掌握新增、编辑和删除批注的方法。
2. 掌握数组公式的使用方法。
3. 掌握 MATCH、MONTH、INDEX 函数的使用方法。
4. 掌握图表水平参考线和垂直参考线的使用方法。
5. 掌握图表坐标轴的设置方法。
6. 掌握工作表移动的方法。

实验内容

打开"公司员工数据.xlxs"工作簿,完成以下操作。

1. 在"Sheet1"工作表中,完成以下单元格设置及计算。

(1) 将"Sheet1"工作表命名为"员工信息表",并且设置工作表标签颜色为"浅绿,着色6"。

(2) 在第1行前插入一行,合并 A1:L1 单元格区域后居中,并输入报表标题"公司员工信息表详情",单元格背景颜色设置为"矢车菊蓝,着色1",字体设置为"黑体""16"号,字体颜色设置为"黄色";设置 A2:K2 单元格区域文本内容为"居中对齐",字体为"加粗";设置第1行行高为30磅,第2行行高为25磅;表格列宽设置为"最合适的列宽"。

(3) 给 A1:K32 单元格区域设置内边框为系统默认边框、外边框为"粗匣线框",单元格区域内所有内容居中显示。

(4) 删除员工信息重复记录,将剩余员工信息按照"部门名称"进行"升序"排序,按照"工资"进行"降序"排序。

(5) 利用条件格式,将员工"工资"低于平均工资的单元格设置为"绿色填充色深绿色文本";将"当前状态"所在列内容为"离职"的单元格设置为"黄色填充色深黄色文本",并在第一个离职单元格上做批注,内容为"已离职员工,需根据时间仔细计算"。

(6) 在"当前状态"列前插入"汇总工资"列,使用"数组公式"的计算方法来计算每位员工的"汇总工资"(汇总工资 = 工资 + 奖金);在"员工总数"单元格后的空白单元格中计算员工总数;在"汇总工资总额"单元格后的空白单元格中计算所有员工工资总额;用数组公式的方式在"平均薪资"单元格后的空白单元格中计算所有员工的平均工资;在"第三季度入职人员数"单元格后的空白单元格中统计该公司 2020 年第三季度入职人员数量。

2. 在"统计表"和"绘图表"工作表中完成以下操作。

（1）通过数据透视表，将新建数据透视表重命名为"统计表"，计算各部门工资、奖金和汇总工资的平均值。

（2）新建"绘图表"工作表，复制"统计表"中的数据且仅粘贴数值到"绘图表"中的 A1:D6 单元格区域内，选取"部门"列、"工资"列和"奖金"列，建立"簇状柱形图"，系列产生在"列"，图表标题为"2020年各部门工资分布详情"，图例"靠上"显示，纵坐标轴的坐标轴范围为$[0,15\,000]$。

（3）在生成的图表中以"平均工资"为基准，设置水平参考线。

（4）适当调整图表大小，将图表放置在 G9:M26 单元格区域内。

3. 在"公司员工数据"工作簿中完成以下页面设置及打印设置。

（1）在"员工信息工作表"中隐藏"联系电话"列，将当前工作表设置为禁止编辑，保护密码设置为"123456"。

（2）设置页面纸张为横向，页边距为"窄"，纸张大小为"A5"，并将"所有列打印在一页"。

（3）新建"工资汇总"工作簿，将"统计表"工作表移动到"工资汇总"工作簿中。

实验步骤

1. 页面设置。

（1）双击"Sheet1"工作表标签，输入"员工信息表"，按 Enter 键完成工作表重命名。右击"员工信息表"工作表标签，选择"工作表标签"，单击"标签颜色"，选择"浅绿，着色6"，完成工作表标签颜色设置。

（2）选中第 1 行，右击，单击"在上方插入行"，数字输入"1"，完成插入行。选中 A1:L1 单元格区域，单击"开始"选项卡中的"合并"下拉按钮，选择"合并居中"选项，双击合并单元格，输入"公司员工信息表详情"，完成报表标题输入。

（3）右击合并单元格，单击"开始"选项卡中的"背景颜色填充"下拉按钮，选择"矢车菊蓝，着色1"；单击"字体选择"下拉按钮，选择"黑体"；单击"字体大小"下拉按钮，选择"16"；单击"字体颜色选择"下拉按钮，选择"黄色"。完成单元格及字体设置。

（4）选中 A2:L2 单元格区域，单击"开始"选项卡中的"水平对齐"按钮，单击文字"加粗"按钮，完成报表列标题字体设置。

（5）右击第 1 行，单击"开始"选项卡，单击"行和列"下拉按钮，选中"行高"，进入行高设置页面，在行高输入框中输入"30"，单击"确定"按钮，完成第 1 行行高设置；通过相同步骤进入行高设置页面，在行高输入框中输入"25"，单击"确定"按钮，完成第 2 行行高设置。选中 A:L 列，单击"开始"选项卡中的"行和列"下拉按钮，选择"最合适的列宽"，完成表格列宽设置。

(6) 选中 A1:L34 单元格区域,单击"开始"选项卡中的"边框"下拉按钮,依次单击"所有线框"和"粗匣框线"完成线框设置,单击"水平对齐"按钮,使单元格区域内的所有内容居中显示。

2. 数据整理。

(1) 选中 A3:L32 单元格区域,单击"数据"选项卡中的"重复项"下拉按钮,选择"删除重复项",进入"删除重复项"设置页面,选中所有列,单击"确定"按钮完成重复数据删除。

(2) 选中 A2:L22 单元格区域,单击"开始"选项卡中的"排序"下拉按钮,选择"自定义排序",排序设置页面如图 4-5-1 所示。主要关键字选择"部门名称",排序依据选择"数值",次序选择"升序",单击"添加条件"按钮增加次要关键字。次要关键字选择"工资",排序依据选择"数值",次序选择"降序",单击"确定"按钮完成排序。

图 4-5-1 排序设置页面

(3) 选中 J3:J22 单元格区域,单击"开始"选项卡中的"条件格式"下拉按钮,在下拉列表中选择"项目选取规则",在右侧弹出的级联菜单中选择"低于平均值",在弹出的对话框中选择"绿色填充色深绿色文本",单击"确定"按钮。

(4) 选中 M3:M22 单元格区域,单击"开始"选项卡中的"条件格式"下拉按钮,在下拉列表中选择"突出显示单元格规则",在右侧弹出的级联菜单中选择"等于",在弹出的对话框中输入"离职",条件格式选择"黄色填充色深黄色文本",单击"确定"按钮。选中 M4 单元格,单击"审阅"选项卡,选择"新建批注",批注结果如图 4-5-2 所示。

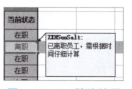

图 4-5-2 批注结果

3. 统计计算。

(1) 选中并右击"当前状态"列,选择"在左侧插入列",数值输入"1",双击 L2 单元格,在单元格中输入"汇总工资"。选中 M3:M22 单元格区域,在"数据编辑区"中输入公式" = J3:J22 + K3:K22",按 Enter 键完成汇总工资批量计算。

（2）双击 B24 单元格，输入公式"=COUNT(A3:A22)"，按 Enter 键；双击 D24 单元格，输入公式"=SUM(L3:L24)"，按 Enter 键；双击 F24 单元格，输入公式"=D24/B24"，按 Enter 键。

（3）双击 H24 单元格，输入公式"=COUNTIF(MATCH(MONTH(B3),{1,4,7,10}),3)"，按 Enter 键，完成第三季度入职人员数计算。

员工信息表经过单元格格式设置、数据整理及计算等操作后，得到的结果如图 4-5-3 所示。

公司员工信息表详情

工号	入职时间	姓名	性别	部门名称	岗位	出生年月	最高学历	联系电话	工资	奖金	汇总工资	当前状态
21001	2020年5月30日	张小锅	男	财务部	财务主管	1989年3月1日	硕士研究生	12323723456	15000	830	15830	在职
21003	2020年5月30日	李无霞	女	财务部	财务专员	1995年3月1日	本科	12325823452	8000	534	8534	离职
21007	2020年9月5日	秦风	男	人事行政综合部	人事主管	1996年9月1日	本科	12378945623	9000	771	9771	在职
21019	2020年7月8日	于金兰	女	人事行政综合部	行政专员	1993年9月1日	大专	12334236543	4500	577	5077	在职
21011	2020年8月7日	田菊秀	女	人事行政综合部	人事专员	1990年1月1日	大专	12323452312	4500	613	5113	在职
21020	2020年6月8日	何春	女	人事行政综合部	人事专员	1995年8月1日	大专	12354342365	4500	604	5104	在职
21010	2020年6月6日	李成红	女	市场部	市场经理	1990年8月1日	本科	12345673423	15000	907	15907	在职
21012	2020年7月7日	安明清	男	市场部	市场专员	1994年4月1日	本科	12323217534	6000	588	6588	在职
21017	2020年10月8日	金贵显	男	市场部	市场专员	1995年10月1日	本科	12323457687	5000	831	5831	在职
21006	2020年1月3日	彭小婵	女	市场部	市场专员	1994年3月1日	大专	12323457834	4500	945	5445	离职
21002	2020年3月30日	刘一明	男	市场部	市场专员	1997年5月1日	大专	12323789432	4000	851	4851	在职
21008	2020年1月6日	杨超军	男	研发部	研发主管	1985年12月1日	本科	12323452323	20000	543	20543	在职
21009	2020年5月6日	周兵	男	研发部	研发专员	1991年9月1日	硕士研究生	12356431298	15000	593	15593	在职
21015	2020年4月7日	聂涛	男	研发部	研发专员	1992年11月1日	本科	12323879865	15000	918	15918	离职
21014	2020年4月7日	王恒	男	研发部	研发专员	1995年10月1日	大专	12345456723	12000	524	12524	在职
21004	2020年3月30日	王长生	男	研发部	研发专员	1993年6月1日	本科	12327853445	12000	790	12790	在职
21005	2020年2月3日	贾明明	男	研发部	研发专员	1995年6月1日	本科	12323125623	12000	701	12701	离职
21018	2020年8月8日	尹强	男	研发部	研发专员	1993年8月1日	本科	12387347654	12000	920	12920	在职
21016	2020年11月7日	郝芳芳	女	研发部	研发专员	1990年7月1日	本科	12312874378	10000	850	10850	在职
21013	2020年8月7日	蔡小虎	男	研发部	研发专员	1998年2月1日	本科	12323868934	9000	535	9535	在职
汇总信息												
员工总数	20	汇总工资总额	211425	平均薪资	10571	第三季度入职人员数	6					

图 4-5-3 员工信息表结果

【拓展】

①MONTH 函数的用法：MONTH(日期序列号)，返回以序列号表示的某日期的月份，返回 1~12 之间的整数。

②MATCH 函数的用法：MATCH(查找值,查找区域,[匹配类型])，查找区域可以为单元格区域或数组，只能为一行或者一列，不能是二维的单元格区域；匹配类型包含 1（升序匹配，默认）、0（精准匹配）和 -1（降序匹配）。

在实验中，将匹配类型设置为 1，是为了返回查找区域里比查找值小的值中最大的那个值所在的位置。例如"=MATCH{5,{1,4,7,10},1}"公式中，比 5 小的值有 1 和 4，返回最大值所在的位置即返回 4 所在的位置，4 所在的位置等于 2。将 5 看成 5 月，则能计算出 5 月在第二季度。

③INDEX 函数的用法：INDEX(数组,行序数,[序列数])，返回数据清单或数组中的元素，此元素由行序号和列序号的索引值给定。

MATCH 函数一般与 INDEX 函数嵌套使用，实现数据精确查找。例如：在查找员工"郝芳芳"的工号时，就可以输入公式"=INDEX(A:A,MATCH(C21,C:C,0))"完成查找，解决了 VLOOKUP 函数目标匹配值只能在最左列的问题。

4. 数据透视表。

（1）选中 A2:M22 单元格区域，单击"数据"选项卡中的"数据透视表"按钮，进入"创建数据透视表"设置页面，在"请选择单元格区域"设置选项中，根据题目要求选择 A2:M22 单元格区域，数据透视表放置的位置选择"新工作表"，单击"确定"按钮进入新建数据透视分析表；双击新生成的"Sheet1"工作表，输入"统计表"完成工作表重命名。

（2）在透视表"窗格"的"字段列表"组中，拖动"部门名称"到"行"列表框中，拖动"工资平均值""奖金平均值"和"汇总工资平均值"到"值"列表框中，单击"值"列表框中"工资平均值"字段右侧的下拉按钮，在弹出的下拉列表中选择"值字段设置"选项，进入"值字段设置"对话框，如图 4-5-4 所示。

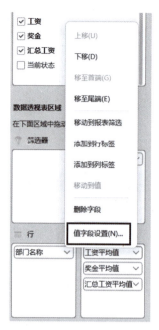

图 4-5-4 选择"值字段设置"

（3）在"值字段设置"对话框中，在自定义名称中输入"工资平均值"，在"值字段汇总方式"中选择"平均值"，单击"确定"按钮完成设置，如图 4-5-5 所示。

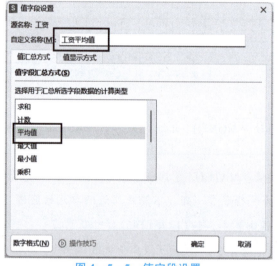

图 4-5-5 值字段设置

（4）按照上述步骤，完成"奖金平均值""汇总工资平均值"的字段名称和计算方式的设置，最终计算结果如图 4-5-6 所示。

部门名称	工资平均值	奖金平均值	汇总工资平均值
财务部	11500	682	12182
人事行政综合部	5625	641.25	6266.25
市场部	6900	824.4	7724.4
研发部	13000	708.2222222	13708.22222
总计	9850	721.25	10571.25

图 4-5-6 部门各类工资平均值最终计算结果

5. 图表设置。

(1) 新建"绘图表",将"汇总表"工作表中的数据复制并仅粘贴数值至"绘图表"工作表中;在 E1 单元格中输入"平均值",在 E2:E5 单元格区域输入平均值数值"10571.25",这一步是为后面添加水平参考线做准备。

(2) 在"绘图表"工作表中选中数据区域,单击"插入"选项卡中的"全部图表"下拉按钮,选择"全部图表"。单击"组合图",将"平均值"的图表类型设置为"折线图",并选中"次坐标轴",单击"插入图表"按钮完成图表插入。页面设置如图 4-5-7 所示。

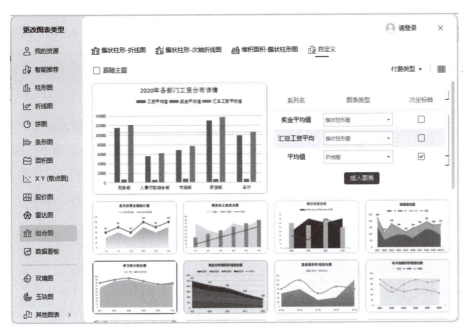

图 4-5-7　新建图表页面设置

(3) 选中图表,在图表右侧三个功能按钮中单击"图表元素"按钮,选择"坐标轴""图表标题""网格线"和"图例"四个图表元素,如图 4-5-8 所示。

(4) 双击空白区域,进入图表设计页面,双击"图表标题"文本框,输入"2020 年各部门工资分布详情"作为柱形图标题,选中已生成的"图例",在"属性"设置栏中选择"图例选项",单击"图例"选项卡,"图例位置"选择"靠上",如图 4-5-9 所示。

图 4-5-8　图表元素设置

(5) 双击"坐标轴"进入设置页面,在"属性"设置栏中选择"坐标轴"选项卡,在"坐标轴选项"的边界最大值中输入"15000",最小值不变,如图 4-5-10 所示。

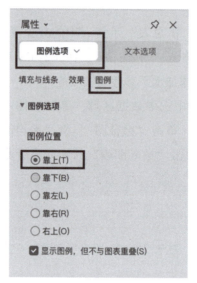

图 4－5－9　图例位置设置

（6）单击"辅助线"，轮廓设置为无轮廓，单击"图表元素"按钮，新增"趋势线"选项，双击"趋势线"进入设置页面；单击"趋势线"选项卡，选择"线性"类型，在"趋势预测"中，向前周期和向后周期分别输入 0.50，完成设置，如图 4－5－11 所示。

图 4－5－10　坐标轴设置

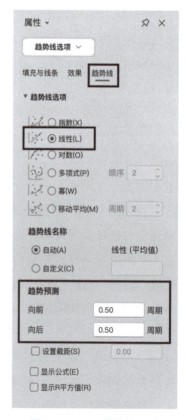

图 4－5－11　趋势线设置

(7) 在图例中,选中"趋势线"图例,删除后,将其他图例居中放置,并将次坐标轴的坐标删除,完成图表优化调整,结果如图 4-5-12 所示。

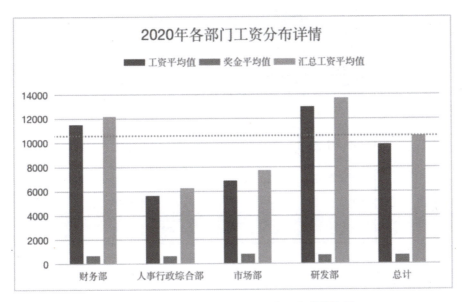

图 4-5-12　2020 年各部门工资分布详情结果

(8) 移动区域。

选中图表,按住鼠标左键不放,拖动图表使其左上角位于 G9 单元格内,调整图表大小,使图表位置处于 G9:M26 单元格区域内。

6. 页面设置及打印。

(1) 右击"联系电话"列,选择"隐藏"完成设置;单击"审阅"选项卡中的"保护工作表"按钮进入设置页面,密码输入"123456",允许此工作表的所有用户进行的操作全部不勾选,单击"确定"按钮,再次输入密码完成设置。

(2) 单击"页面"选项卡中的"纸张方向"下拉按钮,选择"横向"完成纸张方向设置;单击"页边距"下拉按钮,选择"窄"类型的页边距,完成页边距设置。单击"纸张大小"按钮,在弹出的对话框中,方向选择"横向",缩放调整为"将整个工作表打印在一页",纸张大小选择 A5,如图 4-5-13 所示。

7. 工作表移动。

(1) 单击"文件"菜单,选择"新建",单击"空白表格"新建工作簿;按 Ctrl+S 组合键完成工作表保存,名称为"工作汇总"。

(2) 右击"统计表"工作表,选择"移动",进入"移动或复制工作表"对话框;将选定工作表移至工作簿"工作汇总.xlsx",单击"确定"按钮,如图 4-5-14 所示。

图 4–5–13　页面设置

图 4–5–14　移动或复制工作表设置

【拓展】

①勾选"创建副本"可实现工作表的复制。如果不勾选,则原工作簿中移动的工作表会被删除。

②移动时,为了方便查看移动的工作表,可以自己选定位置;如果工作表过多,则可选择"移至最后",以便快捷查看已移动的工作表。

③需要注意,移动工作表时,目标工作簿需要处于打开状态,文件若未打开,则不能移动工作表。

项目 5

WPS演示文稿制作

实训 5.1 幻灯片基本制作——制作产品销售策划

实训目的

1. 掌握幻灯片中文本格式的设置技巧。
2. 掌握在幻灯片中插入图片并进行处理的方法。
3. 熟练掌握在线图片的搜索与插入，以及图片的编辑技巧。
4. 掌握智能图形在幻灯片中的应用。
5. 掌握在幻灯片中创建和编辑表格的方法。
6. 掌握在幻灯片中插入媒体文件的方法。
7. 了解如何在幻灯片中插入艺术字。

实训内容

1. 文本格式设置。
- 幻灯片 3 操作：选择第 2、4、6、8 段正文文本，降低其级别。
- 字体格式调整：将降级后的文本字体设置为"华文宋体""加粗"，并调整字号大小为"18 号"。
- 颜色设置：将未降级的文本颜色更改为"黄色"。

2. 插入图片并处理。
- 幻灯片 5 操作：在第 5 张幻灯片中插入名为"大米细节图"的图片。
- 图片调整：缩放图片至合适大小并放置在幻灯片的右下角。
- 背景删除：使用工具删除图片的背景。
- 发光效果：为图片添加"发光 20 磅"的发光效果。

3. 插入联机图片并编辑。
- 在线图片插入：搜索并插入名为"五常大米"的在线图片，并将图片置于底层。

- 样式设置：将图片形状设置为椭圆形，效果为"柔化边缘2.5磅"。
- 文本颜色：将幻灯片上的文本字体颜色设置为"绿色"。

4. 插入智能图形。
- 幻灯片6操作：在第6张幻灯片中新建一个"齿轮"样式的智能图形，并输入相关文字。
- 幻灯片7操作：在第7张幻灯片中新建一个"步骤上移流程"样式的智能图形，并输入相关文字。
- 幻灯片8操作：在第8张幻灯片中插入"垂直图片重点列表"样式的智能图形，并输入相关文字。

5. 插入表格并处理。
- 幻灯片9操作：在第9张幻灯片中创建一个5行2列的表格。
- 内容填充：将给定的文字内容复制粘贴到表格中。
- 格式设置：设置表格中文本的行距为"1.5倍行间距"，字号为"22号"。
- 加粗设置：将表格第1列的文字设置为"加粗"。

6. 插入媒体文件并设置。
- 幻灯片1操作：在第1张幻灯片中插入一个音乐文件"背景音乐"。
- 循环播放：设置音乐文件为跨幻灯片循环播放。
- 图标隐藏：确保在播放时音乐图标不显示。

7. 插入艺术字并美化。
- 幻灯片10操作：在第10张幻灯片中插入艺术字。
- 样式选择：选择"艺术字样式"中的第3行第3列样式。
- 内容输入：输入艺术字内容"橙心橙意橙味十足"。

实训步骤

1. 文本格式设置。

步骤1：使用Ctrl键，选中第3张幻灯片中的第2、4、6、8段正文文本。若这些文本被高亮显示，表示它们已被选中。

步骤2：按Tab键，这将使选中的文本降低一个缩进等级，文本会向右移动。

步骤3：单击选中的文字，然后在软件的顶部菜单中找到"字体"设置选项。在"字体"下拉列表中选择"华文宋体"作为字体样式。同样，找到"加粗"选项并单击它，以使文本加粗。最后，找到"字号"设置，并从下拉列表中选择"18号"。

步骤4：使用Ctrl键，选中第3张幻灯片中未降级的文本，设置字体颜色为"红色"。

最终操作结果如图5-1-1所示。

图 5－1－1　文本格式设置

2. 插入图片并处理。

步骤 1：在第 5 张幻灯片中插入名为 "大米细节图" 的图片。

步骤 2：在 "格式" 选项卡中，找到 "大小" 组，通过调整 "高度" 和 "宽度" 的数值来缩放图片，使其适合幻灯片右下角的位置，再进行背景的删除。

步骤 3：完成背景删除后，再次单击 "图片工具" 选项卡 "图片效果" 组中的 "发光" 下拉按钮，设置发光效果为 "金色，18 pt 发光，着色 2"。最终操作结果如图 5－1－2 所示。

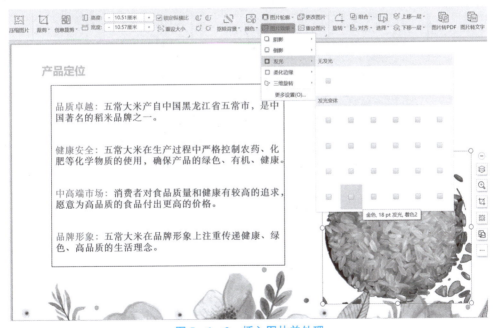

图 5－1－2　插入图片并处理

3. 插入联机图片并编辑。

步骤 1：在第 4 张幻灯片中，单击 "插入" 选项卡中的 "图片" 按钮，在弹出的对话框中，在搜索框输入"五常大米"，然后从搜索结果中选择一张符合需求的图片，单击"下载"按钮，将图片插入幻灯片中，并将图片置于底层，如图5-1-3所示。

图5-1-3 插入在线图片

步骤2：在"图片工具"选项卡中单击"裁剪"组，将图片裁剪为圆形，再对图像完成拉伸操作，形成椭圆形图像。单击"图片效果"组，选择"柔化边缘"→"2.5磅"，将使图片的边缘呈现出柔和的过渡效果，如图5-1-4所示。

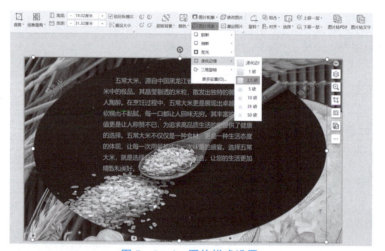

图5-1-4 图片样式设置

步骤3：在"开始"选项卡中单击"字体颜色"选项，从下拉菜单中选择"橙色"作为字体颜色。

4. 插入智能图形。

步骤1：在"插入"选项卡中单击"智能图形"按钮，在弹出的"选择智能图形"对话框中，选择"齿轮"图形，如图5-1-5所示。单击"插入"按钮将其添加到幻灯片中。单击智能图形，输入想要展示的文字。

项目5　WPS 演示文稿制作

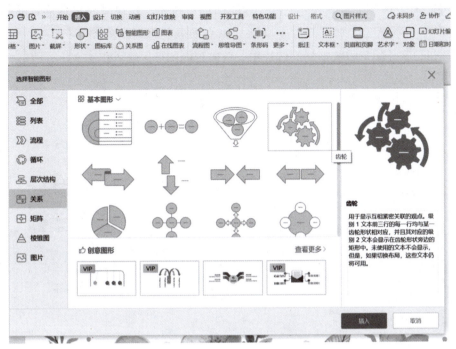

图 5-1-5　智能图形-齿轮

步骤2：在"插入"选项卡中单击"智能图形"按钮，将打开"选择智能图形"对话框。在"流程"类别中选择"步骤上移流程"图形，如图5-1-6所示。单击"插入"按钮，此时"步骤上移流程"SmartArt图形将被添加到幻灯片中，并输入需要的文字。

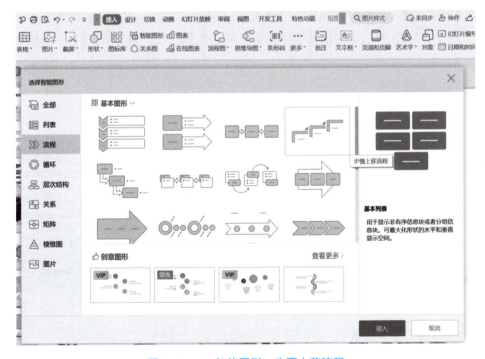

图 5-1-6　智能图形-步骤上移流程

117

步骤3：在"插入"选项卡中单击"智能图形"按钮，在弹出的"选择智能图形"对话框中，单击"列表"类别下的"垂直图片重点列表"样式，如图5-1-7所示。单击"插入"按钮，智能图形将添加到幻灯片中。单击智能图形，输入相关文字。

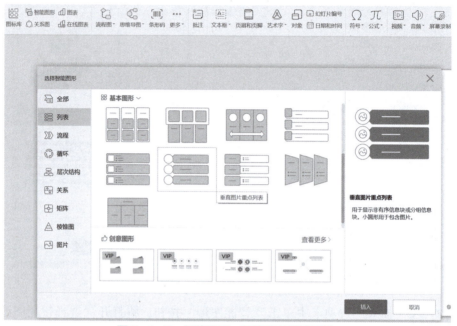

图5-1-7　智能图形－垂直图片重点列表

5. 插入表格并处理。

步骤1：单击第9张幻灯片，单击"插入"选项卡"插入"组中的"表格"下拉按钮，单击"插入表格"，在弹出的对话框中选择要求的行数和列数，调整图表的大小和位置。

步骤2：单击"开始"选项卡"段落"组中的"行距"按钮，选择"1.5倍行距"。在"字体"组中，设置字号为"22号"。选中表格的第1列文字，然后单击"加粗"按钮，设置文本格式为加粗，如图5-1-8所示。

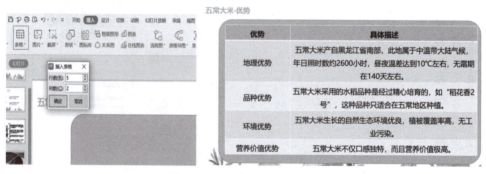

图5-1-8　插入表格并处理

6. 插入媒体文件并设置。

步骤1：单击"插入"选项卡"音频"下拉按钮，选择"嵌入音频"，打开一个文件浏览器窗口。选择存储背景音乐的文件,单击"插入"按钮,此时背景音乐将被添加到幻灯片中,并在幻灯片中显示一个声音图标。

步骤2:单击幻灯片中的声音图标以选中它,在顶部的菜单栏中,会出现一个"音频工具-播放"新选项卡。在其"音频选项"组中可以进行多种音频播放设置,如循环播放、跨幻灯片播放等,如图5-1-9所示。

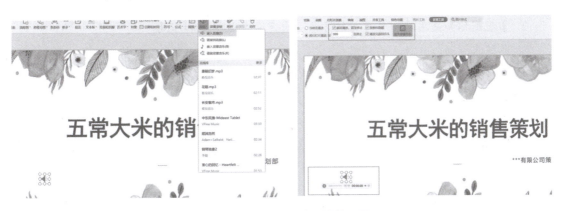

图5-1-9 插入媒体文件并设置

7. 插入艺术字并美化。

步骤1:在顶部的菜单栏中,单击"插入"选项卡"文本"组中的"艺术字"按钮,打开艺术字样式库,选择"渐变填充绿宝石"样式。

步骤2:幻灯片中将出现一个文本框,输入文字"五常大米　健康绿色"。调整艺术字位置和字号。单击"开始"选项卡"字体"组中的"字号"下拉按钮,选择"66"号,如图5-1-10所示。

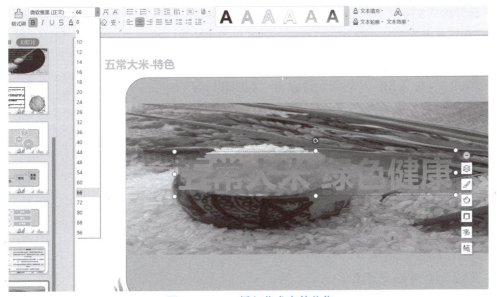

图5-1-10 插入艺术字并美化

实训 5.2 幻灯片交互设置——制作动物简介

实训目的

1. 掌握幻灯片主题设置技巧。
2. 掌握制作和使用幻灯片母版的方法、自定义母版样式和布局。
3. 熟练掌握幻灯片版式的应用。
4. 掌握取消隐藏背景图形的方法。
5. 掌握幻灯片切换动画效果的设置方法。
6. 掌握幻灯片动画效果的添加和编辑方法。

实训内容

1. 应用幻灯片主题。
- 在主题设置中,将"颜色"调整为"紫红色"。
2. 制作并使用幻灯片母版。
- 设置幻灯片模式:将所有幻灯片的显示模式设置为"16:9"宽屏模式。
- 自定义第 2 张母版:在"幻灯片"浏览窗格中选中"标题幻灯片版式"母版。
- 插入"背景.jpg"图片并右击,选择"置于底层"。设置标题文本字体为"黑体",字号为"60",颜色为"白色"。设置副标题文本字号为"40",颜色为"白色",并加粗。
- 自定义"标题和内容版式"母版:在该母版幻灯片中,插入"标题内容.jpg"图片,并置于底层。设置内容文本框中一级标题文本的字号为"24"。移除所有文本前的项目符号。设置标题文本框和内容文本框内文本的颜色为"白色"。
- 设置页眉页脚并退出:为幻灯片设置页眉页脚效果。退出母版视图。
3. 应用幻灯片版式。
- 将第 2~10 张幻灯片的版式设置为"标题和内容"。
4. 取消隐藏背景图形。
- 取消隐藏第 5~9 张幻灯片的背景图形。
5. 设置幻灯片切换动画效果。
- 为所有幻灯片设置"随机"切换效果。
- 设置切换声音为"打字机"。
- 设置切换速度为"01.50"。
- 设置自动换片时间为"00:06"。
6. 设置幻灯片动画效果。
- 第 1 张幻灯片的动画:为标题设置"轮子"动画。为标题文本添加名为"对象颜色"的强调动画，颜色改为红色，动画开始方式为"上一动画之后"，持续时间为"01.00"，延时为"00.50"。为副标题添加"渐变式缩放"动画，动画开始方式为"与上一动画同时"。

• 为第 5 张幻灯片添加"向内溶解"进入和"向外溶解"退出动画，开始方式均为"上一动画之后"，持续时间为"02.00"。

7. 隐藏幻灯片。

• 隐藏第 10 张幻灯片。

实训步骤

1. 应用幻灯片主题颜色。

步骤：单击"设计"选项卡"配色方案"下拉按钮，选择"相邻"选项，如图 5－2－1 所示。

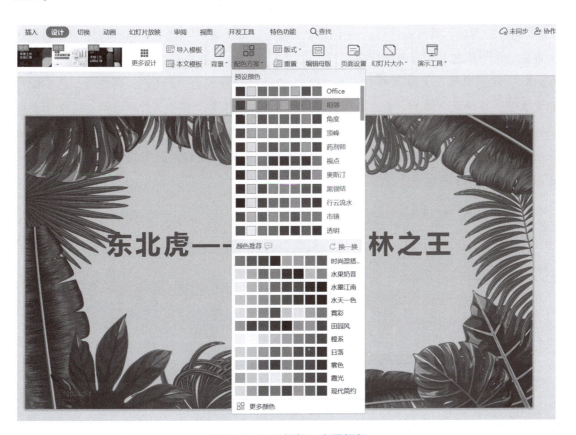

图 5－2－1 "相邻"主题颜色

2. 制作并使用幻灯片母版。

步骤1：单击"设计"选项卡中"幻灯片大小"下拉按钮，选择"宽屏（16∶9）"选项，如图 5－2－2 所示。

图 5-2-2　设置幻灯片模式

步骤 2：在幻灯片母版浏览窗格中，单击第 2 张幻灯片，该幻灯片应该是"标题幻灯片版式"。单击"插入"选项卡中的"图片"下拉按钮，选择"来自文件"，选择想要插入的"背景.jpg"图片。插入图片后，右击图片，选择"置于底层"选项，以确保标题和副标题文本显示在图片之上。选中标题文本框，并单击"开始"选项卡"字体"下拉按钮，选择"楷体"，在"字号"下拉菜单中选择"72"，并将颜色设置为"黑色"。同样地，选中副标题文本框，并设置字体为"楷体"，字号为"36"，颜色为"黑色"，并加粗。根据需要调整标题和副标题文本框的大小和位置，确保它们适应幻灯片布局并显示在背景图片上方。确认所有更改后，单击"幻灯片母版"选项卡中的"关闭"按钮，退出幻灯片母版的编辑模式，如图 5-2-3 所示。

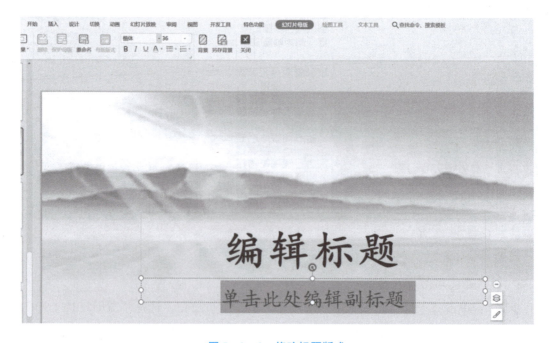

图 5-2-3　修改标题版式

步骤3：单击"设计"选项卡中的"幻灯片母版"按钮，进入幻灯片母版的编辑模式。在幻灯片母版浏览窗格中，找到并选中"标题和内容版式"幻灯片。单击工具栏上的"插入"选项卡，在"图片"组中选择"来自文件"，选择想要插入的"标题内容.jpg"图片。插入图片后，右击图片，选择"置于底层"选项，以确保标题和文本内容显示在图片之上。选中内容文本框中的一级标题文本。在工具栏的"开始"选项卡中，设置字号为"24"。对于内容文本框中的所有文本，单击工具栏上的"段落"组中的"项目符号"下拉按钮，并选择"无"，以去除项目符号。选中标题文本框和内容文本框中的文本，然后在"字体颜色"下拉菜单中选择"黑色"，以设置文本颜色为黑色。确认所有更改后，单击"幻灯片母版"选项卡中的"关闭"按钮，退出幻灯片母版的编辑模式，如图5-2-4所示。

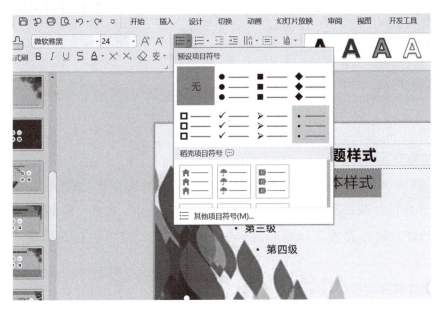

图5-2-4 修改标题和内容版式

步骤4：单击"插入"选项卡中的"时间和日期"按钮，打开"页眉和页脚"对话框。勾选"日期和时间"复选框，这将在幻灯片上显示当前的日期和时间。选中"自动更新"单选项，这样，每次打开演示文稿时，日期和时间都会自动更新。勾选"幻灯片编号"复选框，这将在幻灯片上显示一个编号，表示该幻灯片在演示文稿中的位置。如果还希望在幻灯片上显示页脚，则勾选"页脚"复选框，并在文本框中输入想要显示的页脚内容。勾选"标题幻灯片中不显示"复选框，以确保在标题幻灯片上不显示这些页眉和页脚信息。完成所有设置后，单击"全部应用"按钮，将这些更改应用于选择的所有幻灯片，如图5-2-5所示。

图 5-2-5 页眉页脚设置

3. 应用幻灯片版式。

步骤：按住 Ctrl 键的同时用鼠标单击选中第 2~13 张幻灯片。单击"设计"选项卡"幻灯片"组中的"版式"下拉按钮。在弹出的下拉列表中，选择"标题和内容"选项，则选中的幻灯片的版式为"标题和内容"，即在每张幻灯片中包含标题和内容的占位符。

4. 取消隐藏背景图形。

步骤：单击第 5 张幻灯片。在幻灯片的任何文本框以外的空白处右击，选择"设置背景格式"选项，打开"设置背景格式"窗格取消勾选"隐藏背景图形"复选框，如图 5-2-6 所示，这样，背景图形将显示出来。完成设置后，关闭"设置背景格式"窗格。使用相同的方法选中第 6~9 张幻灯片，并分别为它们设置背景格式。

5. 设置幻灯片切换动画效果。

步骤：在左侧的"幻灯片"浏览窗格中，按 Ctrl+A 组合键，以选中演示文稿中的所有幻灯片。在菜单栏上，单击"切换"选项卡"切换到此张幻灯片"下拉按钮，选择"随机"，将为所有选中的幻灯片应用该切换效果。在此处设置切换声音为"打字机"，切换速度为"01.50"，自动换片时间为"00:06"，如图 5-2-7 所示。

图 5-2-6 取消隐藏背景图形

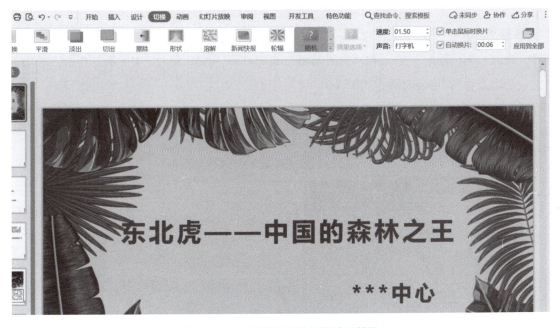

图 5-2-7 设置幻灯片切换动画效果

6. 设置幻灯片动画效果。

步骤1：单击"动画"选项卡→"自定义动画"组→"效果选项"按钮→"添加效果"，选择"轮子"动画，如图5-2-8所示，设置动画时间。单击"动画"选项卡→"自定义动画"组→"效果选项"按钮→"添加效果"，选择强调"更改字体颜色"动画，设置动画时间。单击"动画"选项卡→"自定义动画"组→"效果选项"按钮→"添加效果"，为副标题添加"渐变式缩放"动画，动画开始方式为"与上一动画同时"。

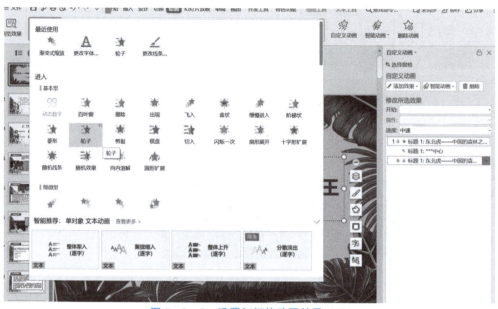

图 5-2-8 设置幻灯片动画效果（1）

步骤 2：单击"动画"选项卡→"自定义动画"组→"效果选项"按钮→"添加效果"，添加"向内溶解"进入和"向外溶解"退出动画，如图 5-2-9 所示，开始方式均为"上一动画之后"，持续时间为"02.00"。

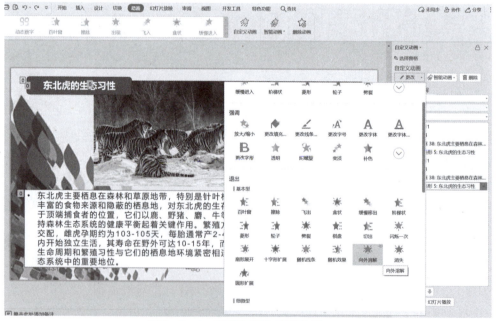

图 5-2-9 设置幻灯片动画效果（2）

7. 隐藏幻灯片。

步骤：在左侧的"幻灯片"浏览窗格中，选中第 10 张幻灯片，右击，在弹出的菜单中选择"隐藏幻灯片"选项。在幻灯片放映时，该幻灯片将不会显示。

实训 5.3 幻灯片放映与输出——放映与输出高校宣传

实训目的

1. 掌握幻灯片母版的编辑技巧。
2. 掌握将文本内容转换为智能图形的方法。
3. 掌握创建超链接的方法。
4. 学会创建动作按钮的方法。
5. 掌握幻灯片切换效果的设置方法。
6. 掌握并应用动画效果。
7. 掌握排练计时功能的方法。
8. 了解打包演示文稿的方法。

实训内容

1. 编辑幻灯片母版。
- 打开 WPS 演示文稿，选择"幻灯片母版"进入母版编辑模式。在母版中，选中第 1 张幻灯片，修改标题文本字体为"楷体"，设置字号为"66"，并加粗。
- 取消第 2 张幻灯片中的内容文本框中各级标题文本前的项目符号。
- 保存更改并退出幻灯片母版编辑模式。

2. 转换智能图形。
- 打开第 4 张幻灯片，选中文本框内容。
- 单击"插入"选项卡，将文本内容转换为"垂直项目符号列表"样式的智能图形，修改智能图形的颜色为"彩色 – 个性色"。

3. 创建超链接。
- 在第 4 张幻灯片中，为智能图形创建"超链接"，使其跳转到第七页幻灯片。

4. 创建动作按钮。
- 在第 5~7 张幻灯片中，绘制一个动作按钮。在动作设置对话框中，选择"超链接到"，并选择"目录页"即第 2 张幻灯片，设置按钮的填充颜色为"浅蓝"。

5. 设置切换效果。
- 选择所有幻灯片，设置切换效果为"形状"，声音为"鼓掌"。
- 设置换片方式为"单击鼠标时"，并设置自动换片时间为"00:05"。

6. 设置动画效果。
- 在"动画"选项卡中，为每张幻灯片中的每个对象添加适当的动画效果。

7. 隐藏幻灯片。

• 在"幻灯片"浏览窗格中，选中第 2 张幻灯片，选择"隐藏幻灯片"。

8. 排练计时。

• 在"幻灯片放映"选项卡中，选择"排练计时"。对每张幻灯片的动画进行排练，并设置适当的放映时间。

9. 打包演示文稿。

• 将设置好的演示文稿打包到文件夹，指定保存位置，并命名为"高校宣传"。

实训步骤

1. 编辑幻灯片母版。

步骤 1：首先，单击顶部菜单栏中的"设计"选项卡。在展开的选项中，找到"编辑母版"组，就可以将当前的幻灯片切换到母版视图模式。在母版视图窗口中，看到一个位于左侧的幻灯片浏览窗格。选中第 1 张幻灯片。将焦点移动到幻灯片上方的标题文本框上，并单击以选中它。在字体格式设置选项中，将文本字体格式更改为"楷体"，并同时应用"加粗"样式以及调整字体大小为"66"，如图 5-3-1 所示。

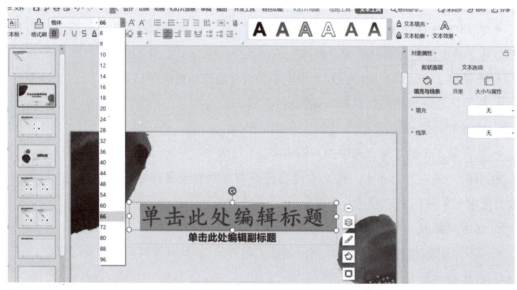

图 5-3-1　编辑幻灯片母版（1）

步骤 2：选择第 2 张幻灯片，将焦点移至幻灯片下方的内容文本框。单击顶部菜单栏的"开始"选项卡，在展开的选项中，找到"段落"组，并单击其中的"项目符号"下拉按钮。在弹出的"项目符号库"下拉列表中，选择"无"选项，以去除内容文本框的项目符号。完成所有母版设置后，再次单击顶部菜单栏的"幻灯片母版"选项卡，找到并单击"关闭"按钮，这样就可以将幻灯片切换回普通视图模式，查看并编辑具体的幻灯片内容，如图 5-3-2 所示。

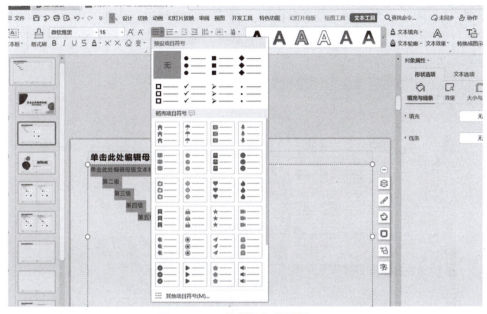

图 5-3-2　编辑幻灯片母版（2）

2. 转换智能图形。

步骤 1：在幻灯片浏览窗格中定位并选中第 4 张幻灯片，然后找到该幻灯片中的文本框并单击以选中它。接下来，单击顶部菜单栏的"插入"选项卡，在展开的选项中，找到"智能图形"组，选择"垂直项目符号列表"选项，插入该智能图形。再将文本框的内容按段落填充至智能图形对应的文本位置，进行调整使其美观，如图 5-3-3 所示。

图 5-3-3　插入智能图形

步骤2：单击"智能图形"选项卡中的"设计"子选项卡，找到"更改颜色"按钮并单击它。在弹出的颜色列表中，单击"彩色"选项，选择第一款，如图5-3-4所示。

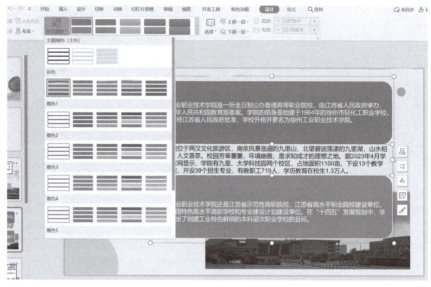

图5-3-4 调整智能图形颜色

3. 创建超链接。

步骤：首先，单击文本"学校简介"，接下来，单击顶部菜单栏的"插入"选项卡，在展开的选项中，找到"超链接"组。单击"超链接"，在下拉列表中选择"本文档幻灯片页"，在弹出的"插入超链接"对话框中，选择幻灯片7，单击"确定"按钮即可完成，如图5-3-5所示。进行测试，查看超链接是否添加完成。

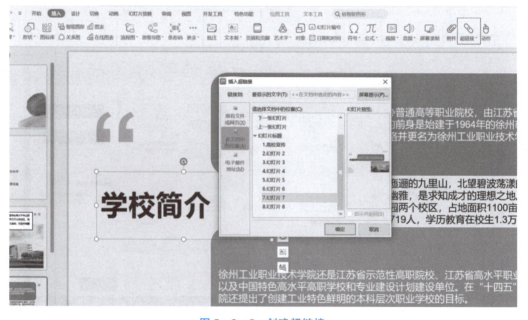

图5-3-5 创建超链接

4. 创建动作按钮。

步骤1：在第5张幻灯片中，单击顶部菜单栏的"插入"选项卡，在展开的选项中，找到"形状"组，并单击"形状"按钮。接下来，在"形状"下拉菜单中，选择"动画按钮"栏下的"第一张"。跳出来动作设置弹框，在弹框中选择"超链接到"→"幻灯片"→"幻灯片2"，单击"确定"按钮即生效，如图5-3-6所示。现在，成功在幻灯片中插入了一个"转到开头"的动作按钮，并在需要时可以通过单击该按钮快速返回到幻灯片的开始位置。

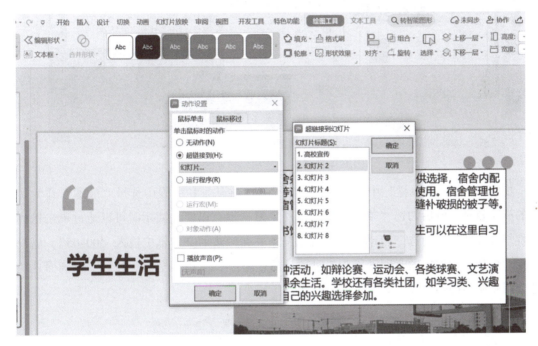

图5-3-6 创建动作按钮

步骤2：单击动作按钮，在菜单栏的"绘图工具"窗格中找到"填充"名称，单击这个选项后，能够看到一个颜色选择器，选择"蓝色"，如图5-3-7所示。按下Ctrl+C组合键来复制选中的"工作按钮"。此时，该按钮已被复制到剪贴板中。接下来，使用幻灯片浏览窗格或左侧的幻灯片缩略图导航到第6张幻灯片。在第6张幻灯片上，找到想要粘贴"工作按钮"的位置。按下Ctrl+V组合键来粘贴之前复制的"工作按钮"。此时，应该能够在第6张幻灯片上看到复制的按钮。重复以上步骤，将"工作按钮"从第5张幻灯片复制到第7张幻灯片。

5. 设置切换效果。

步骤1：首先，使用Ctrl键或Shift键选中所有的幻灯片。接着，单击顶部菜单栏中的"切换"选项卡。在"切换到此幻灯片"组中，找到并单击"切换效果"下拉按钮，在下拉菜单中选择"形状"选项。

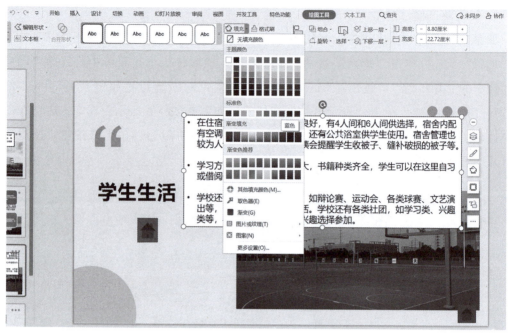

图5-3-7 动作按钮颜色设置

步骤2：在"菜单栏"中找到"声音"选项，并从下拉列表中选择"鼓掌"作为切换时的声音效果。然后勾选"单击鼠标时换片"复选框，以便在演示时可以通过单击鼠标来触发幻灯片切换。勾选"自动换片"复选框，并在旁边的文本框中输入"00:05"，以设置每张幻灯片自动切换的时间间隔为5秒。最后，单击"应用到全部"按钮，以确保这些设置应用到所有的幻灯片，如图5-3-8所示。

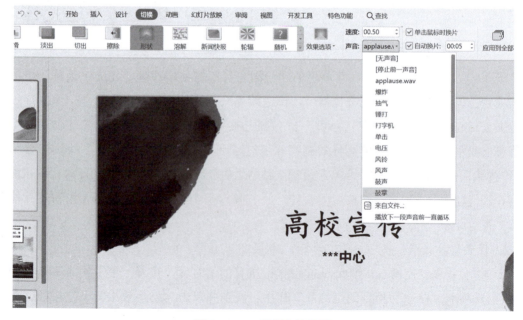

图5-3-8 设置切换效果

6. 设置动画效果。

步骤：可在母版视图下设置动画效果，也可在普通视图下为每张幻灯片设置不同的动画效果。以普通视图为例，通过单击"动画"选项卡，并从"添加动画"组中选择想要的动画效果，可以为每张幻灯片设置不同的动画效果，包括进入动画、强调动画和退出动画等。

7. 隐藏幻灯片。

步骤：首先，在"幻灯片"浏览窗格中找到并选择第 2 张幻灯片。接着，单击顶部菜单栏中的"幻灯片放映"选项卡。在展开的选项中，找到"设置"组，并单击其中的"隐藏幻灯片"按钮。当单击此按钮后，第 2 张幻灯片的右下角会出现一个叉标记，这表示该幻灯片已被隐藏。放映幻灯片时，被隐藏的第 2 张幻灯片将不会出现在放映序列中。即使手动导航到该幻灯片，它也不会显示或播放，如图 5 – 3 – 9 所示。

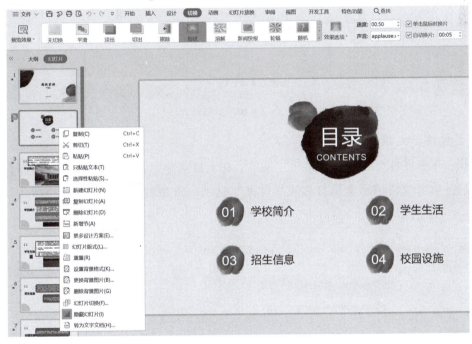

图 5 – 3 – 9　隐藏幻灯片

8. 排练计时。

步骤：单击顶部菜单栏中的"幻灯片放映"选项卡，在展开的选项中，找到"设置"组，并单击"排练计时"按钮。这将启动幻灯片的排练计时功能，并同时打开"录制"工具栏，该工具栏会自动开始为幻灯片中的每张内容计时。当进入排练状态后，可以按照正常的演讲或演示节奏放映幻灯片。系统会自动记录每张幻灯片的放映时间，并在切换到下一张幻灯片时进行计算。当完成幻灯片的全部放映后，系统会弹出一个"提示"对话框，告诉排练计时的总时间，并询问是否要保留幻灯片的排练时间。如果满意排练的计时效果，则单击"是"按钮进行保存。保存后，系统会将排练的计时数据应用到幻灯片中。这样，在后续的幻灯片放映中，可以根据这些预设的计时来自动或手动控制幻灯片的切换速度和节奏，如图 5-3-10 所示。

图 5-3-10　排练计时

9. 打包演示文稿。

步骤：单击屏幕左上角的"文件"菜单。在下拉菜单中，找到并单击"文件打包"命令，然后并单击"将演示文稿打包成文件夹"选项。重命名并在指定保存位置进行保存，如图 5-3-11 所示。

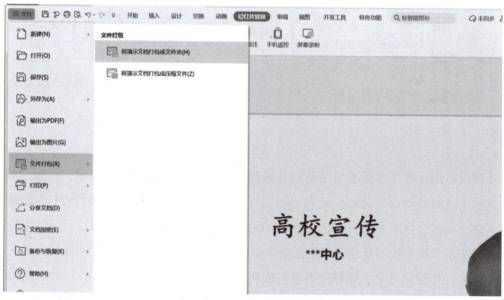

图 5-3-11　打包演示文稿

实训 5.4　幻灯片媒体对象编辑——游乐园宣传制作

实训目的

1. 了解不同媒体对象在演示文稿中的作用和应用场景。
2. 了解媒体对象与幻灯片内容的配合。
3. 掌握演示文稿中媒体对象的插入方法。
4. 掌握媒体对象的基本编辑技巧。
5. 掌握媒体对象的格式设置。
6. 熟练掌握演示文稿中媒体对象的操作流程。
7. 熟练运用各种编辑工具和功能，对媒体对象进行精细化的调整和优化。

实训内容

1. 设置幻灯片主题。
- 在"主题"区域中，通过滚动或搜索找到名为"奥斯汀"的主题。
2. 插入表格。
- 在演示文稿中的第 3 张幻灯片中，插入 3 行 2 列的表格。
- 在表格中输入相应的文字内容，并调整表格大小。
3. 插入声音。
- 插入声音：在菜单栏中，选择"插入"选项卡。单击"音频"下拉菜单，并选择文件中的音频《＊＊＊游乐园宣传音乐》。
- 调整音频图标的位置，设置播放方式为自动播放。
4. 插入文本框。
- 在第 4 张幻灯片的右下角绘制一个横排文本框。
- 在文本框中输入当天日期。
5. 插入艺术字。
- 在第 5 张幻灯片的右上方插入艺术字。
- 在弹出的艺术字样式中，选择"填充 – 白色，轮廓 – 着色 1"，并输入"特色乐园"。
6. 插入智能图形。
- 在第 6 张幻灯片中，插入智能图形。
- 在弹出的对话框中，选择"循环"类别，并找到"射线循环"进行插入。
- 在图形的"设计"上选择"更改颜色 – 彩色 – 第一个"。
- 在图形中输入需要的文字。

7. 插入图片。

- 定位到第 7 张幻灯片。在对应文件夹中找到并选择"图片 1",将图片添加到幻灯片中。
- 调整图片的大小,并拖动至合适的位置。
- 在菜单栏的"格式"选项中,调整图片的样式,阴影:右下斜偏移;图片轮廓:蓝色。

实训步骤

1. 设置幻灯片主题。

步骤:打开 WPS 演示文稿软件,并加载需要设置主题的演示文稿。在菜单栏中,找到并单击"设计"选项,进入幻灯片设计界面。在主题库中,浏览并选择"奥斯汀"主题。单击"奥斯汀"主题后,演示文稿中的所有幻灯片将自动应用该主题的设计元素,包括背景、字体、配色方案等,如图 5-4-1 所示。

图 5-4-1 设置幻灯片主题

2. 插入表格。

步骤 1:打开 WPS 演示文稿,并定位到第 3 张幻灯片。在幻灯片中,找到并单击"插入"选项卡。在"插入"选项卡的工具栏中,会看到"表格"按钮或图标,单击它,弹出"表格插入"对话框后,选择需要的表格行数和列数。在此例中,选择 3 行 2 列。确定选择后,单击鼠标或按 Enter 键,表格即会插入幻灯片中当前光标所在的位置。

步骤 2:单击表格中的单元格,开始输入文字。可以直接在单元格内输入所需的文字内容。如果需要调整表格的大小或位置,可以使用鼠标拖动表格的边框或整个表格来调整,如图 5-4-2 所示。

项目 5　WPS 演示文稿制作

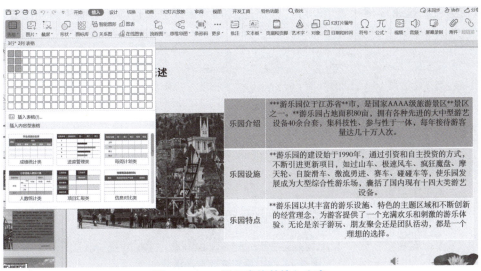

图 5-4-2　插入表格并输入文字

3. 插入声音。

步骤 1：打开 WPS 演示文稿，在菜单栏中找到并单击"插入"选项卡。在"插入"选项卡的工具栏中，看到一系列不同的插入选项，找到并单击"音频"按钮。单击"音频"按钮后，会弹出一个下拉菜单，如图 5-4-3 所示，选择"嵌入音频"选项。

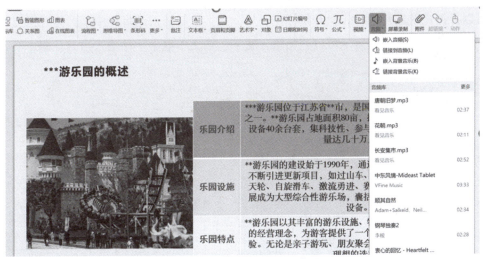

图 5-4-3　"音频"下拉菜单

步骤 2：弹出一个文件选择对话框，在这个对话框中，浏览计算机中的文件夹，找到名为"《＊＊＊游乐园宣传音乐》"的音频文件，并选中它。单击"打开"或"确定"按钮，音频文件即会插入当前幻灯片，并在幻灯片上显示一个音频图标。使用鼠标拖动音频图标到幻灯片上的合适位置，可以将其放置在幻灯片的任何角落或空白区域。

步骤 3：在音频图标上右击，选择"音频工具"选项卡，然后在弹出的工具栏中找到"播放"设置区域。在"播放"设置区域中，找到"开始"选项，并将其设置为"自动"

或类似的选项。这通常意味着当幻灯片开始播放时，音频也会自动开始播放，如图 5－4－4 所示。

图 5－4－4　设置音频自动播放

4. 插入文本框。

步骤：打开 WPS 演示文稿，并定位到第 4 张幻灯片。在菜单栏中，找到并单击"插入"选项卡。在"插入"选项卡的工具栏中，会看到"文本框"按钮或图标，单击它，在弹出的子菜单中，选择"横向文本框"选项，如图 5－4－5 所示。此时，鼠标指针会变成十字形。将鼠标移动到幻灯片的右下角位置，按住鼠标左键并拖动，绘制一个文本框。文本框的大小可以根据需求进行调整。松开鼠标左键后，文本框就插入幻灯片中了。此时，文本框内会出现一个闪烁的光标，表示可以开始输入文字。在文本框中手动输入当天日期。

图 5－4－5　插入文本框

5. 插入艺术字。

步骤：打开 WPS 演示文稿，并定位到第 5 张幻灯片。在幻灯片的编辑界面找到并单击"插入"选项卡。在"插入"选项卡的工具栏中，单击"艺术字"按钮或图标，弹出艺术字样式选择窗口后，浏览并选择想要的样式。在此例中，选择"填充 – 白色，轮廓 – 着色 1"的样式，如图 5 – 4 – 6 所示。单击选定的艺术字样式后，在幻灯片中单击鼠标或拖动鼠标来确定艺术字的位置和大小。此时艺术字编辑框会打开。在艺术字编辑框中，输入"特色乐园"。

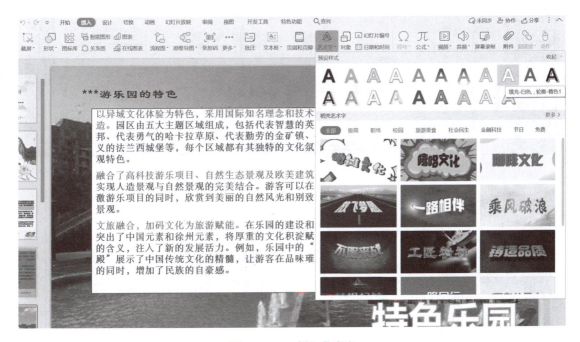

图 5 – 4 – 6　插入艺术字

6. 插入智能图形。

步骤1：打开 WPS 演示文稿，并定位到第 6 张幻灯片。在菜单栏中，单击"插入"选项卡。在"插入"选项卡的工具栏中，找到并单击"智能图形"按钮。在弹出的"选择智能图形"对话框中，浏览类别列表，找到并单击"循环"类别。在"循环"类别下，找到"射线循环"图形，并单击以选中它。单击"确定"按钮，将智能图形添加到当前幻灯片中，如图 5 – 4 – 7 所示。

步骤2：选中刚插入的智能图形，在菜单栏中，找到并单击"设计"选项卡，在"设计"选项卡中，寻找与颜色或样式相关的选项。选择"更改颜色"或类似的选项，并在弹出的颜色列表中选择"彩色"分类。在"彩色"分类下，找到并单击第一个颜色选项，如图 5 – 4 – 8 所示，以应用该颜色到智能图形上。最后，在图形中输入需要的文字。

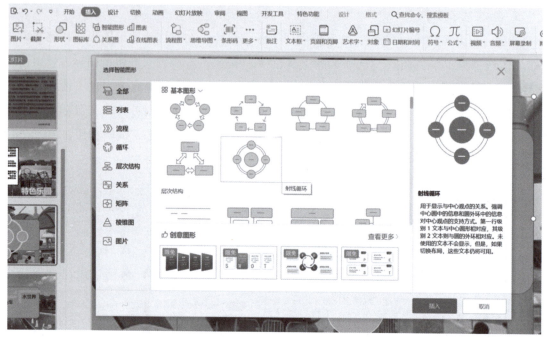

图 5-4-7 插入智能图形

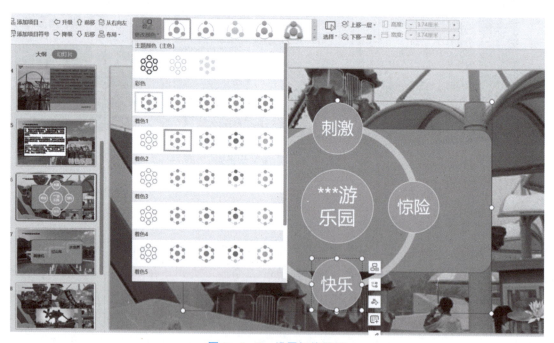

图 5-4-8 设置智能图形

7. 插入图片。

步骤1：打开 WPS 演示文稿，在左侧的幻灯片导航栏中，找到并单击第 7 张幻灯片，使其处于编辑状态。在菜单栏中单击"插入"选项卡，在"插入"选项卡的工具栏中，单击"图片"按钮。在弹出的文件选择对话框中，导航到对应文件夹，找到并选择"图片1"。

单击"打开"或"确定"按钮,图片将被添加到当前幻灯片中。单击图片,在图片的边角或边缘处会出现调整大小的控制点。使用鼠标拖动这些控制点,可以调整图片的大小,使其符合幻灯片布局的要求。

步骤2:选中图片后,在菜单栏中单击"格式"选项卡(如果 WPS 的版本中"格式"选项卡位于其他位置,则根据实际情况调整)。在"格式"选项卡中,找到"图片效果"或类似的选项。在弹出的效果列表中,选择"阴影"效果,单击"右下斜偏移"样式进行应用,如图5-4-9所示。接着,在"图片轮廓"或"线条"设置中,选择"蓝色"作为图片轮廓的颜色,如图5-4-10所示。

图 5-4-9 插入图片

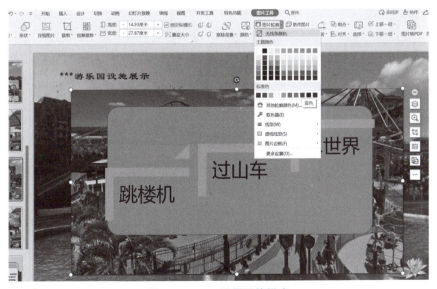

图 5-4-10 设置图片样式